BIBLIOTHÈQUE DES PROFESSIONS
INDUSTRIELLES, COMMERCIALES ET AGRICOLES

MANUEL DE
MONTAGE DES APPAREILS
POUR L'
ÉCLAIRAGE ÉLECTRIQUE

PAR

S. baron von GAISBERG,
INGÉNIEUR.

TRADUIT DE L'ALLEMAND SUR LA SECONDE ÉDITION

PAR

CHARLES BAYE.

OUVRAGE CONTENANT 104 FIGURES

Arts
et métiers.

Série G
N° 6

PARIS
J. HETZEL ET Cie, ÉDITEURS
18, RUE JACOB, 18

BIBLIOTHÈQUE DES PROFESSIONS

INDUSTRIELLES, COMMERCIALES ET AGRICOLES

SÉRIE G

ARTS ET MÉTIERS

N° 6

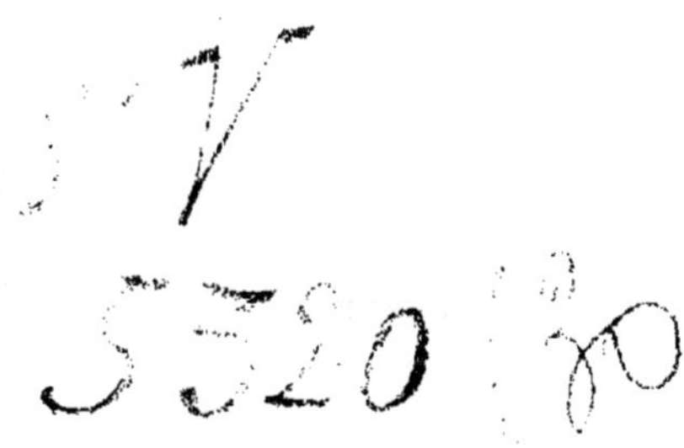

Ce volume ayant été déposé au Ministère de l'Intérieur (section de la librairie) en Janvier 1888, l'auteur et les éditeurs se réservent à l'étranger leurs droits de traduction et de reproduction.

BIBLIOTHÈQUE DES PROFESSIONS
INDUSTRIELLES, COMMERCIALES ET AGRICOLES

MANUEL DE
MONTAGE DES APPAREILS
POUR L'
ÉCLAIRAGE ÉLECTRIQUE

PAR

S. baron von GAISBERG
INGÉNIEUR

TRADUIT DE L'ALLEMAND SUR LA SECONDE ÉDITION

PAR

CHARLES BAYE

OUVRAGE CONTENANT 104 FIGURES

Arts
et métiers

Série G

Nº 6

PARIS
J. HETZEL ET Cᴵᴱ, ÉDITEURS
18, RUE JACOB, 18

PRÉFACE

DE LA PREMIÈRE ÉDITION.

Les personnes chargées d'une installation d'éclairage électrique possèdent ordinairement des instructions qui leur ont été fournies par l'usine, mais elles sont rarement instruites de ce qu'il y a à faire pour l'installation. C'est pour combler cette lacune que j'ai écrit ce petit ouvrage destiné surtout à permettre aux débutants d'arriver promptement à se guider eux-mêmes.

Quant aux personnes qui font installer l'électricité chez elles, l'observation des règles que je donne ici les mettra à même de juger par elles-mêmes des travaux d'installation et ensuite de surveiller le fonctionnement des appareils.

En ce qui concerne les contremaîtres, s'ils veulent se donner la peine de chercher ici les instructions nécessaires, ils seront prémunis contre les essais irréfléchis auxquels pourrait les entraîner la lecture des mémoires originaux trop complets pour eux. Dans les cas de nécessité, ils feront mieux d'appeler à leur aide un monteur exercé que de compromettre toute l'installation en se fiant présomptueusement à leurs propres forces.

Je ne me suis pas borné à donner les règles usitées ;

j'ai consigné ici les résultats de l'expérience que j'ai acquise à la fabrique Schuckert, de Nuremberg, ainsi qu'à la maison d'installation du Dr H. Zerener, à Magdebourg. Je saisis cette occasion de remercier ici les chefs de ces deux établissements.

En outre, je dois des remerciements tout particuliers à M. J. G. Beringer, inspecteur des télégraphes royaux, qui a bien voulu mettre à ma disposition le trésor de son expérience pratique.

Pour terminer, je prie tous les praticiens d'avoir l'obligeance de m'indiquer les modifications et les additions dont cet ouvrage leur paraîtrait susceptible. Je serai heureux, s'il est réédité, de tenir compte des renseignements que les hommes compétents m'auront fait parvenir.

Munich, 18 novembre 1885.

PRÉFACE

DE LA SECONDE ÉDITION.

En refondant ce petit ouvrage, il m'a fallu le mettre au niveau des progrès de l'industrie et suppléer à ce qui manquait dans la première édition. J'ai ajouté notamment des chapitres sur la manière de monter les machines en arcs parallèles, sur les réparations à l'armature et aux aimants, ainsi que sur les accumulateurs.

En outre, j'ai placé, en appendice, des prescriptions de sociétés d'assurance contre l'incendie des établissements éclairés par l'électricité, et un extrait de l'ordonnance du Préfet de police concernant l'éclairage électrique dans les théâtres.

Je remercie sincèrement les fabricants et les collègues qui m'ont aidé à préparer cette nouvelle édition. En même temps, je prie toutes les personnes qui s'intéressent au sujet traité de continuer à me communiquer les résultats de leur expérience et leurs conseils, de telle sorte que, si cet opuscule avait encore une nouvelle édition, je puisse le compléter et le mettre à la hauteur des besoins des praticiens.

Von Gaisberg.

Neudegg, près de Donauwœrth, avril 1887.

MANUEL

DE

MONTAGE DES APPAREILS

POUR

L'ÉCLAIRAGE ÉLECTRIQUE.

CONNAISSANCES PRÉLIMINAIRES.

1. Courant électrique. Pour nous faire une idée de la nature du courant électrique, considérons deux réservoirs remplis d'eau, placés à des hauteurs différentes et réunis par des tuyaux ; l'eau qui circule dans ces tuyaux nous représentera le courant électrique.

2. Intensité. L'unité d'intensité du courant est l'*ampère*. — L'intensité correspond, dans l'exemple précédent, à la quantité d'eau débitée par les tuyaux dans l'unité de temps.

3. Tension. L'unité de tension est le *volt*. — On peut comparer la tension à la différence de niveau des deux réservoirs d'eau [1].

1. Dans l'usage courant, le mot *tension* remplace quelquefois l'expression *force électro-motrice* ; il est, du reste, plus court et plus expressif. L'auteur se sert du mot qui signifie *tension* ; le traducteur se conformera à ce choix.

4. Travail. L'unité de travail électrique est le *volt-am-père*, appelé aussi *watt*. — Le travail effectué par un courant d'eau est égal au produit de la quantité d'eau qui traverse les tuyaux dans l'unité de temps (1) par la différence des niveaux de l'eau dans les réservoirs. De même le travail électrique est égal au produit de l'intensité du courant électrique par sa tension, c'est-à-dire au produit des volts par les ampères.

On peut obtenir un même travail au moyen d'une grande intensité et d'une faible tension, au moyen d'une faible intensité et d'une grande tension.

Ces deux modes d'application se rencontrent dans l'industrie électrique.

Les dépôts par l'électrolyse nous offrent un exemple du premier.

Il faut au contraire peu d'intensité et beaucoup de tension pour l'éclairage au moyen des lampes à arc, et pour le transport de la force. L'éclairage par incandescence, ainsi que l'éclairage mixte, c'est-à-dire par incandescence et par arc, est un cas intermédiaire ; la tension est ici de 65 à 110 volts, mais l'intensité dépend du nombre des lampes à alimenter : elle peut être aussi grande qu'on le veut.

Le travail nécessaire pour actionner une dynamo se calcule approximativement, en chevaux-vapeur, d'après la formule :

$$\mathfrak{T} = \frac{\text{tension} \times \text{intensité}}{500} = \frac{\text{volts} \times \text{ampères}}{500} = \frac{EI}{500}$$

Pour de grandes machines, celles qui consomment plus de

---

(1) La formule exacte est :

$$\frac{EI}{75 \times 9,81} = \frac{EI}{736}$$

L'auteur prend pour dénominateur 500, afin de tenir compte des pertes.

(Le traducteur.)

dix chevaux-vapeur, on obtient des résultats plus exacts en remplaçant au dénominateur le nombre 500 par 600.

5. Résistance. L'unité de résistance est l'*ohm*. — La résistance d'un conducteur électrique peut se comparer à la résistance de frottement subie par l'eau contre les parois des tuyaux qu'elle parcourt (voir 1). Plus la section d'un conducteur est grande, plus la résistance est faible.

6. Conductibilité. On entend par conductibilité la propriété que possède un corps de transmettre plus ou moins bien le courant électrique. La conductibilité est l'inverse de la résistance (voir 5); en d'autres termes : plus la conductibilité d'un corps est grande, plus est faible sa résistance.

Selon que les corps possèdent une conductibilité très grande ou extrêmement petite, on les divise en conducteurs et en corps isolants ou non conducteurs. Les corps qui se trouvent en première ligne parmi les conducteurs sont les métaux. Leur conductibilité est exprimée par des nombres qui se rapportent à celle du mercure prise pour unité ; ainsi, le cuivre dont on fait les conducteurs électriques possède la conductibilité 60, c'est-à-dire que le cuivre est 60 fois aussi conducteur que le mercure ; un conducteur en mercure devrait donc avoir une section 60 fois plus grande qu'un conducteur en cuivre pour que la conductibilité fût la même. Les non conducteurs servent à isoler ; ici, il faut faire observer que beaucoup d'entre eux ne possèdent la propriété de ne pas conduire l'électricité que quand ils sont secs ; dans les endroits humides on se sert d'isolateurs en porcelaine, en caoutchouc durci, en gutta-percha, etc.

7. Loi d'Ohm. L'intensité I est égale au quotient de la tension E par la résistance R :

$$I = \frac{E}{R}$$

Connaissant deux de ces grandeurs, on calcule la troisième

d'après l'équation précédente. Pour déterminer la perte de tension dans les conducteurs on se sert de l'équation :

$$E = IR.$$

La perte de tension dans un conducteur est égale, d'après cette équation, au produit de l'intensité I du courant qui y circule, par la résistance R.

8. Direction du courant et manière de désigner les pôles. On définit la direction du courant qui circule autour d'une aiguille aimantée en disant qu'un bonhomme est dans le sens du courant quand il voit le pôle nord de cette aiguille dévié à sa gauche; le courant qui produit cette déviation est supposé entrer par les pieds du bonhomme et sortir par sa tête.

En conséquence, pour déterminer le sens d'un courant, on place une boussole au-dessous du conducteur, comme le montre la fig. 1, et on se place de façon à avoir le pôle nord de l'aiguille à sa gauche, le pôle sud à sa droite. On imagine que le bonhomme d'Ampère (c'est ainsi qu'on l'appelle) soit tourné de la même façon et nage dans le courant ; l'origine du courant se trouve du même côté que les pieds ; le point vers lequel il se dirige est du côté de la tête. Il est bon de vérifier si la boussole est en bon état, car quelquefois le magnétisme de l'aiguille est interverti ; c'est ce qui peut avoir lieu quand elle se trouve au voisinage d'une machine électrique.

Dans les générateurs électriques, on appelle pôle positif ($+$) le pôle d'où l'électricté est supposée partir pour parcourir le circuit extérieur, et pôle négatif ($-$) le pôle opposé. Lorsqu'il s'agit, par exemple, de déterminer les pôles d'une machine en activité et travaillant sur un circuit extérieur, on commence par déterminer la direction du courant d'après le principe qui vient d'être énoncé ; le pôle positif se trouve du côté des pieds du bonhomme d'Ampère (fig. 1). Lorsqu'on veut déterminer les pôles d'une machine avant d'avoir intercalé le circuit extérieur, il suffit de relier aux pôles de la machine deux petites plaques de plomb que l'on plonge, à 5 centimètres l'une de l'autre environ, dans un vase contenant de l'acide sulfurique étendu (9 volumes d'eau pour 1 volume d'acide sulfurique approximativement). Lorsqu'on fait fonctionner la machine, l'une des plaques de plomb ne tarde pas à prendre une coloration brune ; le pôle relié à cette plaque est le pôle positif de la machine électrique [1].

Dans les appareils, lampes, etc., destinés à recevoir le courant électrique, on appelle pôle positif le pôle par lequel entre le courant. C'est toujours ce pôle qu'il faudra relier avec le pôle positif du générateur.

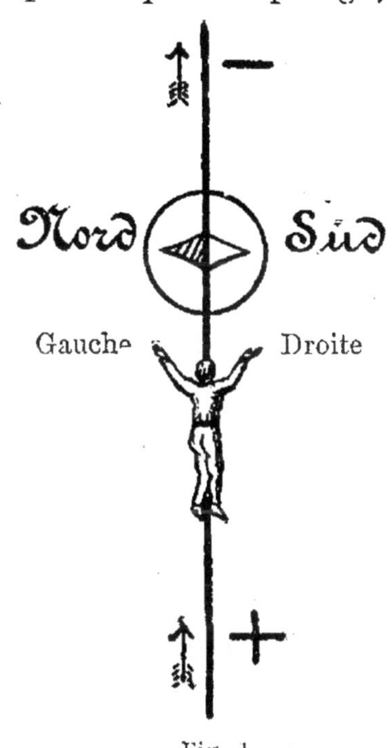

Fig. 1.

9. Différents modes d'assemblage. a. *Assemblage en tension ou en série.* Tous les appareils forment une chaîne non interrompue, c'est-à-dire que le pôle positif d'un appareil se rattache au pôle négatif de l'autre (fig. 2) ; l'intensité du courant est la même dans tous les appareils.

b. *Assemblage en quantité ou en arc parallèle.* Les pôles des appareils sont reliés à deux conducteurs communs (fig. 3), c'est-à-dire qu'on a attaché tous les pôles + au conducteur

1. Il suffit encore de plonger simplement les extrémités des fils de cuivre dénudés, dans de l'eau acidulée. On voit le pôle positif noircir, et de l'oxyde de cuivre, noir, se détacher. Ce procédé est plus simple que l'autre.

(*Le traducteur.*)

positif et les pôles — au conducteur négatif. Alors chaque appareil est traversé par une partie du courant principal.

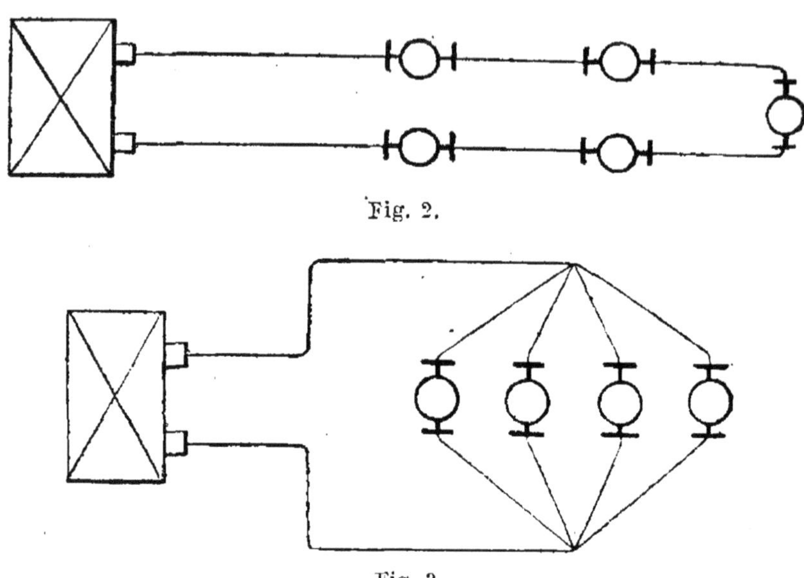

Fig. 2.

Fig. 3.

c. *Assemblage en dérivation.* Un conducteur secondaire reçoit une partie du courant qui circule dans le conducteur principal. Ce n'est au fond qu'une modification du montage en arc parallèle. Si, dans la figure 4, par exemple, M désigne

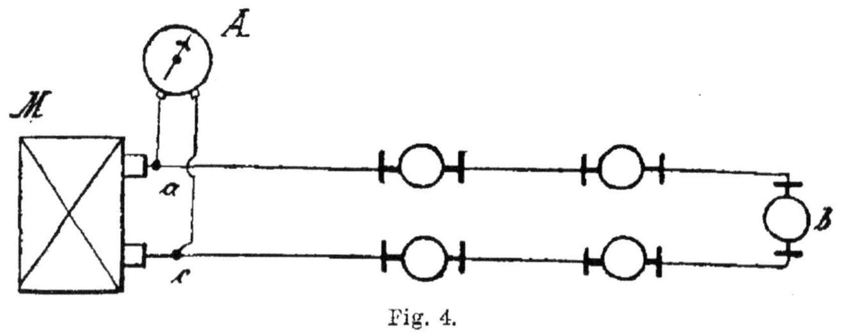

Fig. 4.

la machine et *a b c* le circuit, nous disons que l'appareil A est monté en dérivation aux pôles ou aux bornes de la machine.

10. **Emploi du galvanomètre.** Le galvanomètre relié

à une pile sert à contrôler l'isolement des conducteurs et des appareils; c'est donc un instrument indispensable. On peut remplacer le courant de la pile par celui de la machine elle-même, mais alors l'expérience est plus difficile et parfois elle présente du danger.

Le galvanomètre se compose d'une aiguille aimantée mobile sur un pivot et entourée à distance par une bobine de fil conducteur isolé. L'aiguille dévie sous l'influence du courant qui parcourt la bobine. Pour cet usage, il est commode d'avoir une aiguille verticale. Une pile sèche constituera un excellent générateur de courant. Il est très pratique d'employer des appareils avec lesquels on puisse en même temps mesurer les résistances. Ordinairement, pour cet usage, le galvanomètre et quelques piles sèches sont disposés ensemble dans une petite boîte sur le couvercle de laquelle se trouvent les prises de contact; on lit alors directement sur l'échelle du galvanomètre les résistances à l'isolement. Il faut contrôler de temps en temps l'exactitude des indications fournies par ces appareils, car la force électro-motrice des piles varie fréquemment.

Pour contrôler l'isolement au moyen du galvanomètre et de la pile, on monte ces deux appareils en série (fig. 5) et l'on relie deux fils conducteurs à la borne a du galvanomètre et à la borne b de la pile. Prenons un exemple. Soit à chercher la résistance d'isolement des deux plaques métalliques A et B, séparées par l'isolant ou diélectrique C; on attache A et B aux bornes a et b du galvanomètre et de la pile; si l'aiguille du galvanomètre ne dévie pas, c'est que l'isolement est parfait. Pour vérifier si la pile et le galvanomètre fonctionnent bien, on établit à l'aide d'un fil métallique un contact entre A et B; s'il ne se produit pas de déviation, il faut mettre l'appareil en bon état. Pour ménager la pile, on ne laissera le circuit fermé que pendant le temps nécessaire pour faire l'observation.

Pour abréger les explications, nous conviendrons que, dans la suite, quand il sera question des bornes du galvano-

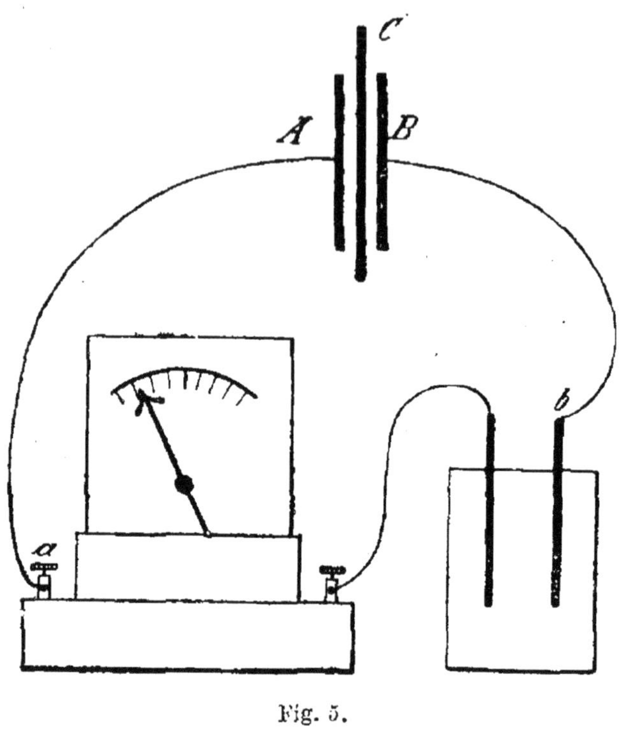

Fig. 5.

mètre, nous entendrons par cette expression la borne a de la pile et la borne b du galvanomètre.

Installation des machines.

11. **Local.** Quelquefois on possède un moteur spécial; on met alors les dynamos dans le même local que ce moteur. D'autres fois, on a recours à une transmission principale pour actionner plusieurs dynamos; dans ce cas, si l'établissement est assez important, on place les dynamos dans un local à part; alors il faut une personne qui soit chargée de les surveiller et qui n'ait pas à s'occuper du moteur; mais, si l'établisse-ment est moins important, on installe les dynamos dans le

même local que le moteur principal et on ajoute au service du mécanicien la surveillance des dynamos.

L'endroit où se trouvent les machines qui fournissent l'électricité doit, avant tout, être sec et exempt de poussière ; en outre, il doit être clair, pour qu'on puisse les bien nettoyer. On évitera qu'il s'y accumule des gaz pouvant former, avec l'air, des mélanges explosibles. On ne limera pas de fer, on n'aura pas de tour dans ce local ou même à proximité. Il est nécessaire d'avoir un autre local également sec, pour y conserver des dynamos et des pièces de rechange.

12. Moteur. Il est essentiel que le moteur ait une vitesse bien uniforme. Ce qui doit décider dans le choix de cette machine, c'est le but de l'éclairage. Pour des bureaux et des logements, il faut une lumière moins variable que pour éclairer exclusivement des ateliers, des places ou des rues. D'autre part, la lumière par incandescence est bien plus sensible que la lumière à arc aux variations de vitesse du moteur, et les lampes à incandescence peuvent être endommagées par l'irrégularité de marche de ce moteur. Il est toujours préférable de se servir d'un moteur spécial pour actionner les dynamos ; on se gardera bien de se servir d'un moteur commandant de fortes machines-outils qu'il faille débrayer de temps en temps.

Quand on se sert de moteurs à marche non uniforme, tels que les moteurs à gaz à un cylindre, il est utile de munir la dynamo d'un volant, si elle n'est pas assez lourde par elle-même ; l'expérience montre qu'alors la lumière est bien moins variable. Il est bon que la poulie de transmission et le volant soient venus de fonte (fig. 6) en une seule pièce.

13. Transmission. Il est de règle, en général, d'avoir aussi peu d'arbres de couche que possible, bien que le rapport de transformation soit alors assez élevé. Pour actionner plusieurs dynamos au moyen d'une transmission commune, il est bon que chacune de ces machines soit munie d'un débrayage.

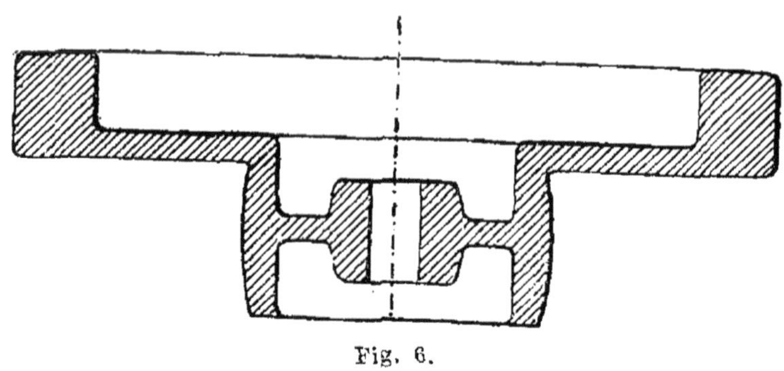

Fig. 6.

Dans le calcul du diamètre des poulies, il faut tenir compte du glissement des courroies. On estime que la perte de vitesse est de 1,5 à 2 % par transmission; il faut donc, dans le calcul, augmenter de 1,5 à 2 % le nombre des tours de l'arbre.

On a l'habitude de calculer les transmissions lorsqu'on fait le projet d'une installation d'éclairage électrique ; cependant il peut arriver qu'on soit obligé de procéder sur place à certains changements. C'est ce qui peut avoir lieu, par exemple, si l'armature ne tourne pas avec sa vitesse de régime.

Voici le principe des calculs à opérer dans ce cas.

Soit T le nombre de tours que la dynamo doit faire par minute; soit D^{mm} le diamètre de la poulie ; soient enfin T_1 et D_1 les grandeurs correspondantes pour l'arbre moteur. Le diamètre de chaque poulie étant inversement porportionnel au nombre de tours, on a la porportion :

$$\frac{D_1}{D} = \frac{T}{T_1},$$

d'où
$$D_1 = \frac{T}{T_1} \cdot D.$$

Exemple. La dynamo doit faire 1.000 tours. On élève ce nombre de 2 %, à cause du glissement de la courroie.

$$1.000 \cdot \frac{2}{100} = 20,$$

d'où $T = 1.020$.

En outre on connaît :

$T_1 = 300$ tours de l'arbre moteur.

$D = 200^{mm}$, diamètre de la poulie de la dynamo.

Par conséquent, pour calculer le diamètre D_1 de la poulie de l'arbre moteur, on aura l'équation :

$$D_1 = \frac{300}{1.020} \cdot 200 = 680^{mm}.$$

14. **Fondation**. La dynamo doit être placée sur une fondation solide. Elle ne doit pas trembler sous l'influence de la rotation, généralement très rapide, de l'armature. Pour les machines dont la tension est élevée (tension dépassant 300 volts, par exemple), il est très important d'isoler de la maçonnerie le bâti de la machine ; on peut prendre pour cela une plaque de bois sec, une couche d'asphalte ou même du carton à toiture. Il faut également isoler les boulons, et la meilleure matière à employer pour cet usage est celle que l'on connaît sous le nom de *fibre* : on place des disques de fibre sous les disques de fer, et l'on revêt avec cette même substance les trous par où passent les boulons.

La surface de fondation de la dynamo doit être au moins à 10 centimètres au-dessus du sol. A cette hauteur elle est plus facile à nettoyer ; il est plus facile aussi de faire le service des coussinets, qui sont généralement un peu bas.

Quand les machines de tout genre se trouvent au-dessous de locaux habités, il faut prendre les dispositions nécessaires pour étouffer le bruit et pour empêcher les trépidations de se communiquer aux murs. Les fondations de ces machines doivent donc être indépendantes des murs. Quant aux fondations qui pourront être nécessaires pour les supports des transmissions, elles devront également être séparées; il faut éviter de les relier aux murs du bâtiment. — Autour de ces diverses fondations ainsi que du local tout entier on laissera sans pavés ou sans carrelage une bande de 3 centimètres de large environ, que l'on recouvrira de sable.

Il est très utile de se servir d'un appareil spécial, pour tendre la courroie de transmission actionnant la dynamo. Le meilleur procédé consiste à mettre la machine sur des rails

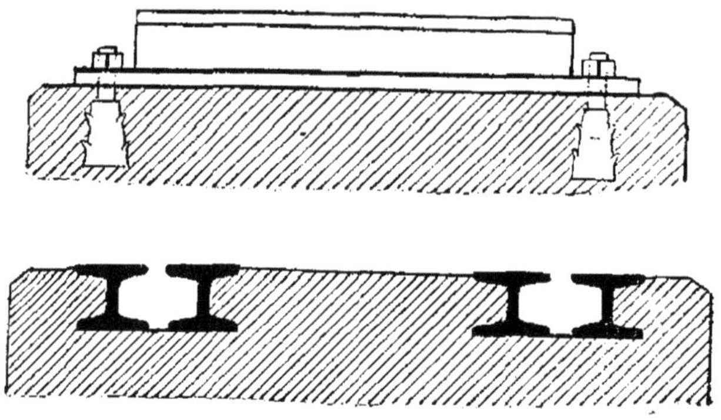

Fig. 7.

de fonte et à l'écarter au moyen de boulons. Les rails à double T (fig. 7) sont les plus économiques pour cet usage. Les boulons du socle de la machine peuvent glisser entre des rails parallèles, dont le rebord supérieur seul dépasse la fondation. On assujettit les rails dans celle-ci au moyen de boulons à scellement, après avoir coupé aux bouts de ces rails le rebord supérieur dont il vient d'être question ainsi que la partie étranglée et après avoir pratiqué dans le patin inférieur le trou destiné à recevoir ces boulons. Cette disposition n'est bonne cependant que pour les petites machines ; alors on peut tendre la courroie en déplaçant la machine au moyen de leviers.

15. Courroie. Pour les machines électriques ainsi que pour la transmission qui en dépend, on n'emploie que des courroies de première qualité. On réunit par une couture aussi unie que possible les courroies, cousues ou collées. Quand les machines sont récemment montées, il ne faut pas tendre trop la courroie; il ne faut pas craindre non plus de la tendre et de la coudre à nouveau après quelques jours de fonctionnement.

Si l'on se sert d'un appareil à tendre les courroies, il faut, avant d'appliquer la courroie à nouveau, mettre la machine aussi près que possible de l'arbre moteur, pour tirer le meilleur parti de l'appareil, par l'extension progressive de la courroie. Pour ménager les coussinets, il ne faut jamais tendre cette courroie plus que ne l'exige la force à transmettre.

Machines magnéto-électriques et dynamo-électriques.

16. Armature. Par le nom d'*armature*, ou *induit*, on entend la partie tournante de la machine. L'armature se compose d'un grand nombre de bobines de fil conducteur isolé, invariablement reliées à l'arbre de la machine. Les courants produits dans ces bobines par rotation devant de puissants pôles magnétiques sont recueillis par des balais et amenés au circuit extérieur.

Les types fondamentaux d'armatures de machines à courant continu sont l'anneau (système Gramme, voir 32) et le tambour (système von Hefner-Alteneck, voir 32).

17. Inducteurs. On entend par ce mot les aimants ou les électro-aimants reliés invariablement au bâti de la machine et entre les pôles desquels tourne l'armature.

18. Machines magnéto-électriques. Les inducteurs de ces machines se composent d'aimants permanents (aimants d'acier) et ne comportent pas de bobines entourées de fil. Ces machines, que l'on emploie pour produire les courants alternatifs et les courants continus (voir 19) ne sont que peu répandues.

19. Machines dynamo-électriques. Les inducteurs de la

machine dynamo-électrique se composent d'électro-aimants, c'est-à-dire de fer doux entouré de bobines de fil métallique isolées et ne se transforment en aimants que sous l'influence du courant qui circule dans ces bobines. Quand le courant ne passe pas, les inducteurs ne possèdent que peu de magnétisme, et celui-ci est ce qu'on appelle du *magnétisme rémanent*.

a. *Dynamos à courants alternatifs*. Le courant produit par ces machines change de sens un grand nombre de fois par seconde. La prise du courant produit dans l'armature s'opère au moyen de brosses qui glissent sur des bagues. Les inducteurs des machines à courants alternatifs doivent être parcourus par des courants continus; on obtient ordinairement ces courants continus, à l'aide d'une petite dynamo auxiliaire (voir *b*) placée tout près de la machine à courants alternatifs. Les dynamos dites *auto-excitatrices* produisent des courants alternatifs dont une partie se transforme en courant continu et sert à exciter les aimants.

b. *Machines à courant continu*. Le courant produit par ces machines ne change jamais de sens. Ces machines possèdent, presque toutes, un commutateur. La prise de courant se fait par l'intermédiaire de balais.

La machine à courant continu est la plus répandue ; c'est donc la seule dont nous nous occuperons ; du reste, je dois le mentionner, la plupart des règles qui la concernent s'appliquent également aux dynamos à courants alternatifs.

Dynamos à courant continu.

DIVERS MODES DE DISPOSITION.

20. Machines disposées en série ou en tension. L'armature, les inducteurs et le circuit extérieur (fig. 8) sont disposés les uns à la suite des autres dans le même circuit, de telle sorte que le courant produit dans l'armature ne change pas d'intensité en parcourant les électro-aimants et le circuit extérieur. Ces machines servent surtout pour l'éclairage par lampes à arc et pour le transport de la force.

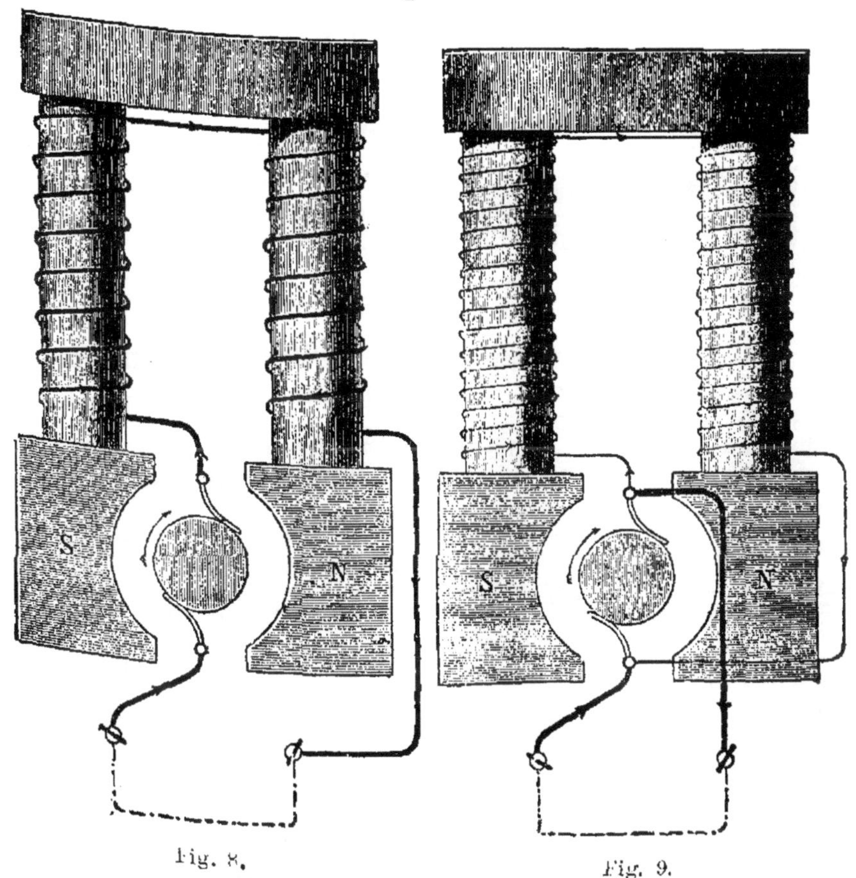

21. Machines disposées en dérivation. L'enroulement des inducteurs est (fig. 9) en dérivation par rapport aux balais. Seule une petite partie du courant produit dans l'armature sert à exciter les électros ; l'autre partie passe directement des balais dans le circuit extérieur. Ces machines sont ordinairement pourvues d'un régulateur de courant (voir 50 *b*) intercalé dans le fil en dérivation ; ce régulateur permet de gouverner le courant qui circule autour des inducteurs et par suite la tension aux pôles.

On se sert des machines en dérivation surtout pour alimenter les lampes à incandescence et les systèmes d'éclairage mixte, c'est-à-dire par lampes à incandescence et par lampes à arc, ainsi que pour la galvanoplastie. Pour ce dernier usage cette disposition a un avantage spécial : c'est que la polarisation (action du contre-courant) dans les bains ne peut pas renverser les pôles de la machine.

22. Machines à enroulement composé ou machine compound. Le mode d'enroulement de ces machines est une combinaison des deux systèmes précédents. Les machines de ce genre ont ou doivent avoir toujours une tension constante au pôle, même quand l'intensité du courant varie, pourvu que la vitesse soit constante.

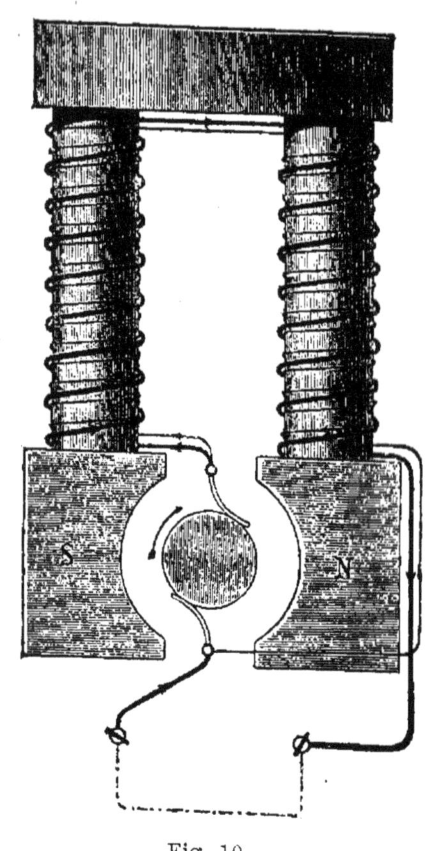

Fig. 10.

Les inducteurs de ces machines (fig. 10) possèdent un double enroulement, l'un en gros fil, l'autre en fil fin. Le premier est parcouru par le courant principal, tandis que l'autre se trouve en dérivation par rapport aux balais et quelquefois par rapport aux bornes de la machine. Comme pour les machines en dérivation, il y a lieu de recommander l'emploi d'un régulateur de courant pour l'enroulement en dérivation ; quand le nombre des tours vient à varier, cet appareil permet de régler facilement le courant.

Les machines de ce genre servent surtout à alimenter les

lampes à incandescence seules ou combinées avec des lampes
à arc, ainsi que pour le transport de la force.

23. Machines à deux générateurs de courant. L'armature de ces machines (fig. 11) possède deux enroulements séparés dont les bobines sont placées les unes à côté

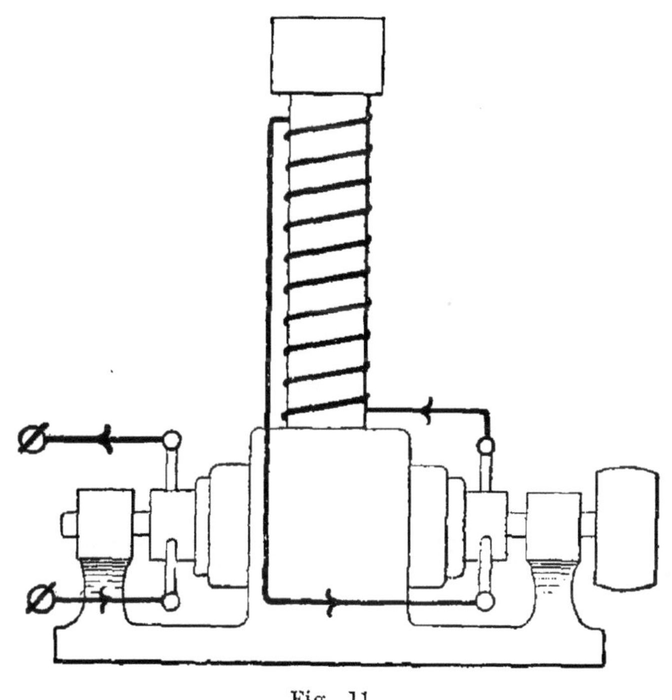

Fig. 11.

des autres en séries alternatives. Chaque partie de l'enroulement est reliée à un commutateur ; l'une de ces parties
sert à exciter les électro-aimants, sur le circuit dans lequel
est intercalé un régulateur ; l'autre est reliée au courant extérieur.

On ne se sert de ces machines que pour la galvanoplastie.
De même que dans les machines en dérivation (voir 21), la
polarisation dans les bains ne peut pas renverser les pôles.
Généralement les machines en dérivation méritent d'être
préférées, car leur rendement est plus considérable.

MONTAGE ET ENTRETIEN DES MACHINES
DYNAMO-ÉLECTRIQUES.

24. Montage. Pour monter une machine électrique, on se conformera aux règles suivantes :

Il faut nettoyer avec soin les surfaces de fer doux à rapprocher. — Les coussinets doivent être bien entretenus : quand on y place l'arbre de l'armature, il faut avoir grand soin d'éviter d'endommager les bobines et le commutateur. Pendant ce travail, l'armature repose surtout sur les extrémités de l'arbre ; on soutient l'armature elle-même au moyen d'une planche sur laquelle on a placé un coussin de drap ; il faut prendre garde de faire porter le pourtour du commutateur. — Il doit y avoir assez de jeu entre l'armature et les pièces polaires. — L'armature doit tourner facilement sur les coussinets. — Il importe que l'arbre de l'armature, dans

Fig. 12.

le sens de l'axe, ait peu de jeu par rapport aux coussinets. Lorsque l'arbre de l'armature (fig. 12) doit avoir des bagues, celles-ci peuvent être placées en a, b, d ; il serait défectueux d'en mettre une aussi en c ; en tous cas il faudrait laisser assez de jeu à cette bague, car pendant le fonctionnement l'arbre s'échauffe et par suite s'allonge ; s'il y avait en c un obstacle à l'allongement, l'arbre éprouverait trop de frottement en tournant dans les coussinets.

Pour mettre en place une machine dont les parties principales sont montées, voici les règles à suivre :

Il faut surtout que l'arbre de l'armature repose horizontalement et parallèlement à l'arbre moteur. — Le socle de la machine doit bien s'appliquer sur la fondation, de telle sorte qu'en serrant les boulons on ne puisse pas fausser la machine. Après avoir serré les boulons, on examine si l'armature tourne facilement dans les coussinets ; on ne place la courroie qu'après cela.

Lorsque la machine est mise en place, on termine le montage par les parties accessoires : généralement on place la pièce destinée à supporter les balais de telle sorte qu'on puisse la déplacer avec la main. — Pour ce qui concerne les balais, je renvoie au paragraphe 28. — Si l'on veut relier des pièces de façon qu'elles conduisent le courant, il faut les nettoyer à l'aide de chiffons préalablement enduits d'émeri. — Les conducteurs qui se trouvent sur la dynamo et ceux qui en partent ne doivent pas toucher le support de fonte.

25. **Manière de mettre en marche.** Quand les machines viennent d'être montées, on les essaie à circuit ouvert (à vide, comme on dit), après avoir huilé les coussinets, et l'on examine si quelque partie s'échauffe. Si tout est en bon état, on peut établir le courant et l'augmenter progressivement jusqu'à sa valeur normale ; pour cela on intercale la machine dans le circuit, tout entier autant que possible, puis on la fait marcher, d'abord lentement, et on lui donne peu à peu sa vitesse de régime. La recommandation relative à l'insertion du circuit tout entier s'applique surtout à l'éclairage par incandescence. Dans l'éclairage au moyen de lampes à arc, il faut, pour les motifs que l'on verra plus tard (voir 44), n'intercaler les lampes que quand la machine a atteint le nombre de tours normal.

Il est avantageux de procéder à l'essai des appareils pendant le jour. Dans les petits établissements, cet essai demande plusieurs heures ; dans les grands, il peut demander plusieurs jours. On ne commence le travail régulier que quand les essais ont donné des résultats tout à fait satisfaisants.

Avant la mise en marche quotidienne, il faut tenir compte des indications suivantes :

Contrôler les circuits qu'on peut avoir à intercaler. — Examiner l'état du commutateur et des balais. — Appliquer les balais au commutateur, s'ils en ont été séparés pendant le repos de la machine. Cependant, si la machine est susceptible de tourner en sens inverse, en s'amorçant, et si les balais sont placés obliquement (voir 28), il ne faut appliquer ces balais au commutateur qu'après la mise en marche ; on commence par une petite vitesse ; le circuit extérieur et, dans les machines en dérivation, le circuit des électro-aimants doivent être ouverts. — Voir si les godets à huile fonctionnent bien et les remplir s'il est nécessaire. — Éloigner les objets en fer qui peuvent se trouver dans le voisinage de la machine, car celle-ci les aimante et les attire. Pour la même raison, se servir, pour verser l'huile, d'une burette en matière non aimantable, en zinc par exemple. Pour les règles relatives à la manière d'intercaler le circuit extérieur, voir les chapitres 26, 44 et 49.

26. Assemblage des machines en quantité ou en arc parallèle. Dans les grands établissements d'éclairage, surtout dans les stations centrales, on réunit plusieurs machines en arc parallèle avec un système conducteur unique. On ne peut le faire que quand les machines ont des enroulements concordants. Il faut se servir autant que possible d'une seule et même transmission ; si chaque dynamo a son moteur particulier, il faut s'attacher surtout à obtenir l'uniformité du nombre de tours. Pour faire fonctionner ces machines en arc parallèle, il est essentiel d'avoir des surveillants bien expérimentés. Dans les établissements d'importance secondaire, on peut généralement obtenir des résultats analogues en se servant d'un commutateur général (voir 61) ; le service des appareils est alors plus simple.

a. *Machines en dérivation assemblées en quantité.* La fig. 13

représente le mode de disposition. Les balais de même nom a (1) sont reliés directement au conducteur principal A ; les balais opposés b, se rattachent à ce conducteur par l'inter-

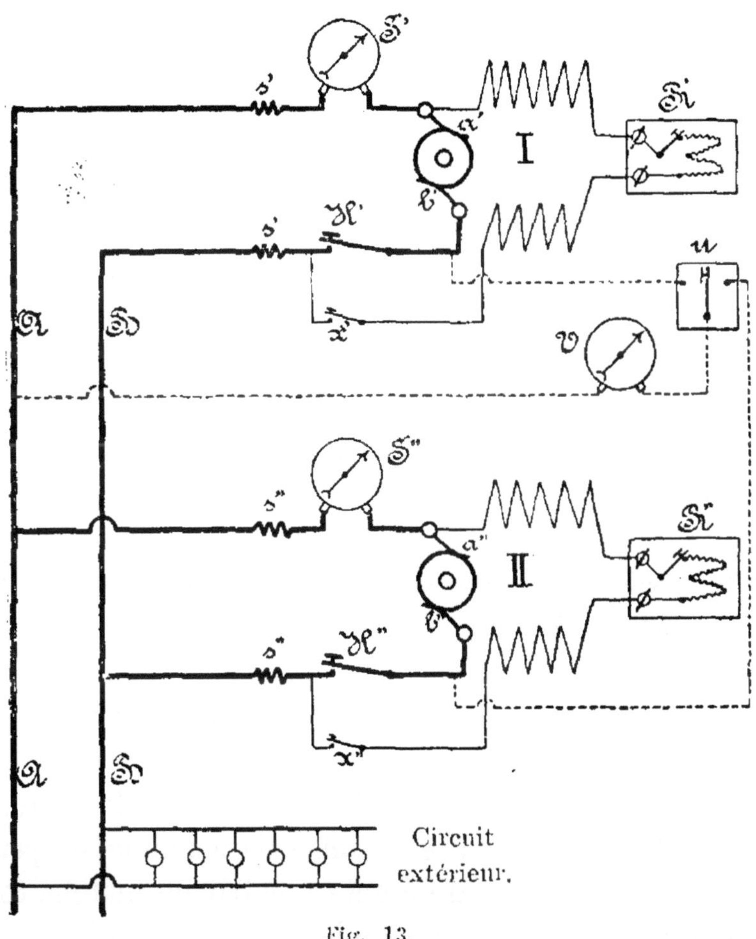

Fig. 13.

médiaire des interrupteurs H. L'enroulement des inducteurs se rattache directement, d'une part aux balais a, d'autre part au conducteur principal derrière les interrupteurs H. Pour interrompre le courant des inducteurs, on se sert des

(1) Ces lettres employées sans accent se rapportent également à toutes les machines montées en quantité ; a, par exemple, désigne les deux points a' et a'', fig. 13.

interrupteurs x, disposés à côté des interrupteurs H ; il est commode de placer les uns et les autres sur la machine elle-même. — Les régulateurs de courant, R, pour les diverses machines, doivent être montés les uns à côté des autres ; il est très pratique de disposer ces régulateurs de telle façon que le courant ne s'interrompe pas. — Les conducteurs principaux partant des machines, ou du moins l'un d'eux pour chaque machine, sont munis d'appareils de sûreté (voir 62) proportionnés à l'intensité des courants qui circulent dans les dynamos. — Il faut pour chaque machine un ampère-mètre, S, pour pouvoir mesurer l'intensité du courant qu'elle produit. On n'emploie au contraire, pour toutes les machines, qu'un seul volt-mètre, V. Cet appareil se rattache directement, par l'une des bornes, au conducteur A, commun à toutes les machines ; l'autre borne est reliée au commutateur u et par l'intermédiaire de celui-ci aux balais b ; ces deux dispositions permettent d'appliquer le volt-mètre à chaque machine, selon qu'il en est besoin. Je suppose ici qu'il ne se produise pas de notable perte de tension dans le conducteur A entre les machines ; dans le cas contraire, il faudrait appliquer également aux balais a la borne du volt-mètre, et à cet effet on adapte en u un commutateur bi-polaire, c'est-à-dire un commutateur pour les deux pôles du volt-mètre.

En commençant à faire marcher la machine, on peut se trouver dans deux cas différents : mettre en marche toutes les machines simultanément, ou les faire marcher l'une après l'autre. — Le premier cas est le plus simple ; il se rencontre surtout dans les petites installations, par exemple quand on se sert de deux machines. Alors, avant la mise en marche, on ferme les commutateurs x et H. Quand les machines ont acquis leur vitesse normale, on diminue uniformément la résistance aux régulateurs R, jusqu'à ce que la force électro-motrice soit devenue normale, la totalité de la résistance ayant été intercalée au début à ces régulateurs. En général, on peut relier le volt-mètre à l'une quelconque des machines. Le courant doit être réparti uniformément entre toutes les dynamos. Si, par exemple, l'ampère-mètre d'une machine accuse trop d'intensité, on intercale de la résistance sur le régulateur dépendant de cette machine, jusqu'à ce que l'intensité soit devenue égale à celle des autres dynamos. Dès lors, le service de tous les régulateurs de courant se fait simultanément. Il est quelquefois nécessaire (voir 25, dernier alinéa) de faire marcher les machines avant d'intercaler le circuit; en intercalant ce dernier, il faut toujours fermer l'interrupteur x avant de fermer l'interrupteur H; après avoir opéré ainsi pour toutes les machines, on ôte au commencement une égale quantité de résistance, comme je l'ai déjà dit, à chacun des régulateurs R. — Quand on ne veut faire marcher qu'une machine, le n° I, par exemple, on procède, pour celle-ci, comme je l'ai déjà dit, et on laisse les autres hors du courant. Quand la consommation de lumière augmente, ce qu'on reconnaît à l'ampère-mètre S, on insère la machine n° II. On fait marcher cette machine, et lorsqu'elle a atteint sa vitesse de régime on ferme l'interrupteur x''. On mesure alors la tension de la machine I, puis on réunit le volt-mètre à la machine II, pour donner à la manivelle du régulateur R'' une position telle que la tension de la machine II soit égale à la tension de la machine I; après ces diverses opérations, on ferme l'interrupteur H''. On place alors les manivelles des régulateurs de telle sorte que les deux machines fournissent la même quantité de courant et que la tension reste normale. Pendant la suite du fonctionnement, on règle la tension en manœuvrant uniformément les deux régulateurs. Pour insérer une autre machine, on opère de la même façon; on considère l'ensemble des régulateurs des machines déjà en circuit, comme si celles-ci formaient un générateur commun, c'est-à-dire qu'on fait tourner autant chaque manivelle.

Pour cesser de travailler, on peut, d'après ce que j'ai déjà dit, débrayer toutes les machines simultanément, puis les mettre hors circuit, ou arrêter chaque machine l'une après l'autre. Dans ce dernier cas, au moyen de la manivelle du régulateur R'', on insère de la résistance sur la machine à mettre hors circuit, la machine II par exemple, de manière à diminuer l'intensité du courant de cette machine et à la rendre presque égale à zéro ; en même temps on manœuvre le régulateur R' de manière à maintenir la tension normale. — On peut, au lieu de se servir du régulateur, faire varier la vitesse ; c'est ce que l'on fait surtout lorsque chaque machine possède un moteur spécial. — Lorsque la machine II ne fournit presque pas de courant, on ouvre d'abord l'interrupteur H'', puis l'interrupteur x'' : on peut ensuite débrayer la machine.

Dans les grandes installations on se sert de groupes de lampes ; la mise en circuit devient un peu plus compliquée, mais par compensation le fonctionnement est plus certain quand on insère de nouvelles machines en circuit. On a un certain nombre de groupes de lampes montées dans la chambre des machines (on peut au besoin les remplacer par des spirales de résistance). Ces lampes forment des groupes munis d'interrupteurs ; elles servent à mettre chaque machine, avant son insertion sur le circuit principal, dans les mêmes conditions exactement que celles où se trouvent les machines déjà en marche. L'un des pôles de cet ensemble de lampes (fig. 14) communique avec le conducteur A rattaché directement à toutes les machines. L'autre pôle possède un conducteur séparé, E, et est réuni par les interrupteurs, e, aux diverses machines.

Voici quelques détails sur les autres appareils qui sont nécessaires ici.

Il y a (fig. 14) sur chaque machine deux interrupteurs, y et x, correspondant à l'enroulement des inducteurs ; l'un

de ces interrupteurs, y, est en circuit direct sur la machine ;
l'autre, x, est en dérivation sur le conducteur principal, B.

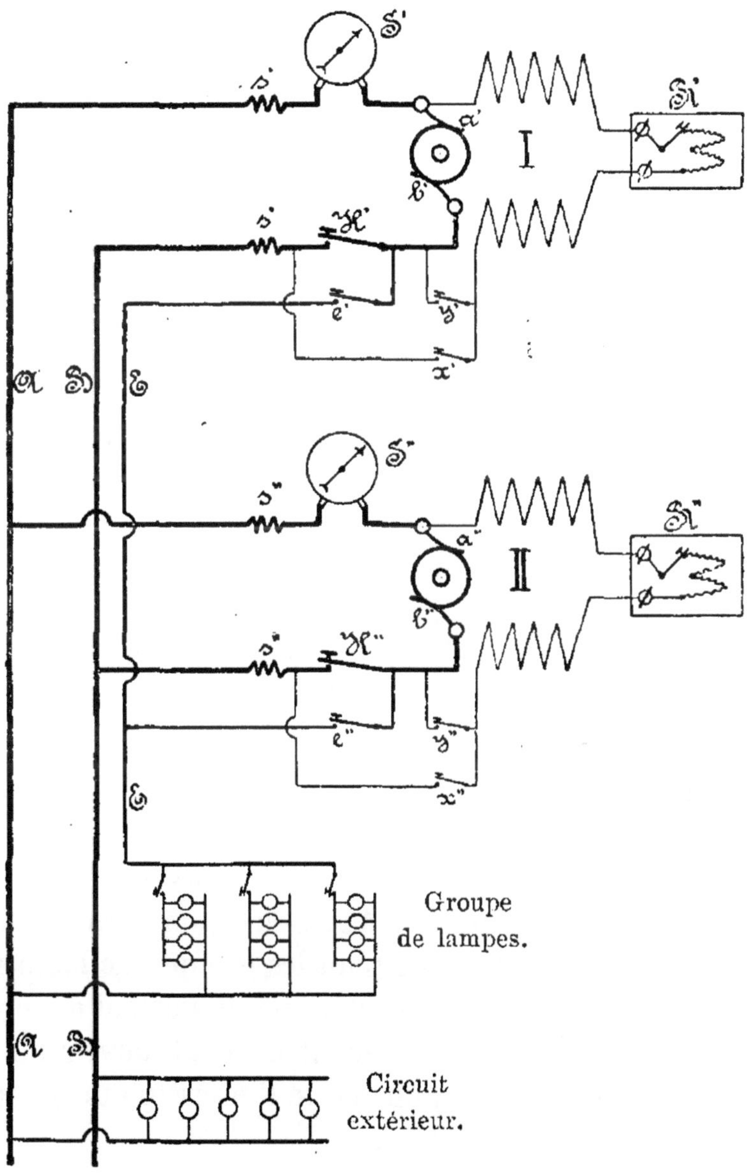

Fig. 14.

Ce second interrupteur est nécessaire pour prévenir le renversement des pôles de la machine ; quand on veut mettre
une nouvelle machine en circuit, on lance dans les inducteurs

le courant produit par les autres machines. Les régulateurs, R, doivent être placés les uns à côté des autres; ils sont généralement disposés de telle sorte que les manivelles des régulateurs de tous les appareils puissent être reliées à une transmission commune, ce qui permet de tourner ces manivelles ensemble ou séparément selon qu'on le désire. L'emploi d'un commutateur bi-polaire est le meilleur moyen de relier le volt-mètre aux diverses machines; dans les grandes installations, il y a souvent un second volt-mètre; celui-ci est relié directement aux deux conducteurs principaux, A et B. Les autres appareils sont disposés comme je l'ai décrit plus haut.

D'habitude, au commencement du travail, on met les machines en circuit les unes après les autres. Si par exemple on doit commencer par mettre en circuit la machine n° I (fig. 14), on la fait marcher en suivant les indications précédentes. Pour mettre en circuit la machine n° II, on ferme l'interrupteur x'', lorsqu'elle est à sa vitesse de régime. On mesure la force électro-motrice de la machine I, puis on réunit le même volt-mètre avec la machine II. On ferme alors l'interrupteur e'', et l'on insère peu à peu les groupes de lampes jusqu'à ce que la machine II fasse le même travail que la machine I; en même temps on gouverne la tension au moyen du régulateur R''. Après cela, on ferme l'interrupteur H'' et l'on met hors circuit les groupes de lampes en gouvernant la force électro-motrice simultanément au moyen des régulateurs R; alors seulement on peut ouvrir l'interrupteur e''. Pour terminer, on ferme l'interrupteur y'' et on ouvre ensuite l'interrupteur x''.

Pour mettre une machine hors circuit, on se sert également ment des groupes de lampes, ce qui permet d'effectuer la transition peu à peu et d'éviter des oscillations dans l'éclairage. On ferme l'interrupteur e de la machine qu'on veut mettre hors circuit, II par exemple (fig. 14), et l'on insère les lampes, groupe par groupe, de sorte que le travail demandé à la machine II devienne égal à ce que sera ensuite le travail des autres machines. En même temps, on règle la force électro-motrice, par une même manœuvre, dans toutes les machines à la fois. Après avoir ensuite ouvert l'inter-

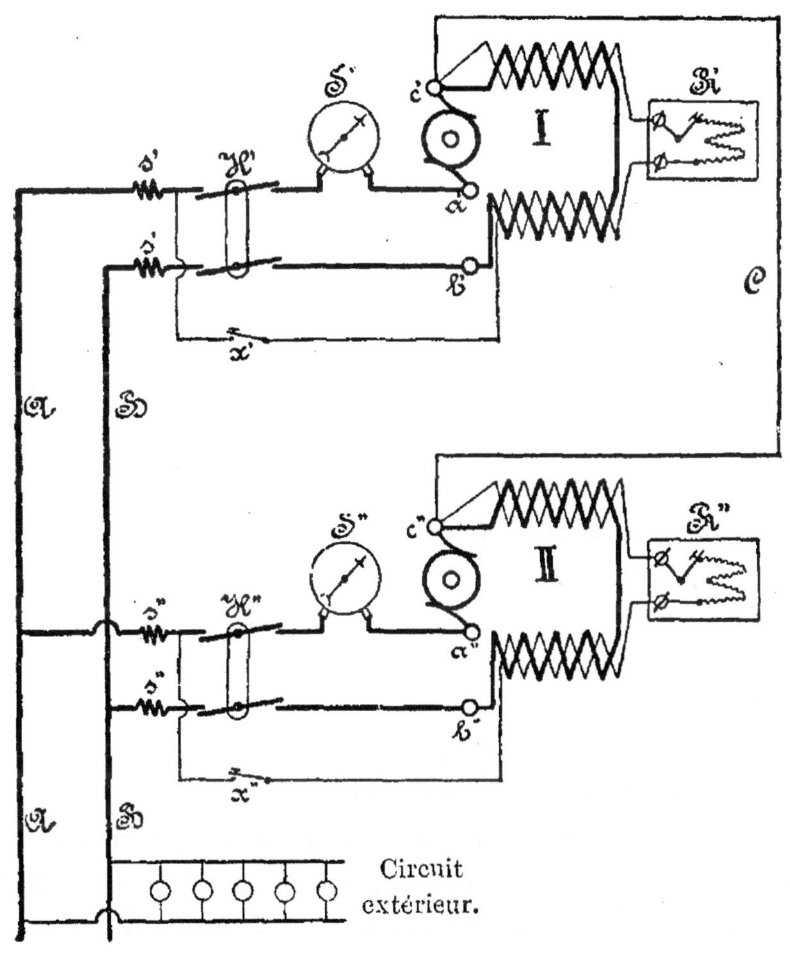

Fig. 15.

rupteur H'', on met hors circuit peu à peu les groupes de lampes et l'on débraye la machine II.

b. *Machines à enroulement mixte assemblées en quantité.* — Les balais de même nom de toutes les machines (fig. 15) doivent communiquer ensemble. Quand les machines sont en circuit, les balais a communiquent directement entre eux par l'intermédiaire du conducteur principal A ; on relie les balais c entre eux par un conducteur C qu'il faut établir à part ; le fil métallique isolé avec lequel on le fait doit, pour être solide, avoir 3 à 4 millimètres de diamètre. Lorsque les machines sont en circuit, leurs bornes, b, sont reliées par le conducteur commun, B. — On munit chaque machine d'un ampère-mètre, S, que l'on met en circuit sur le conducteur principal partant du balai a ; on la munit aussi d'un interrupteur bi-polaire H ; ce dernier appareil permet de mettre simultanément en circuit et hors circuit les deux conducteurs principaux partant de la machine. Indépendamment des interrupteurs H, il faut installer les interrupteurs x pour l'enroulement en dérivation. Celui-ci d'une part se rattache directement aux balais c ; d'autre part, en arrière des interrupteurs H, il se relie au conducteur principal, H, partant des balais a. — Dans ce cas b comme en a, les régulateurs à installer l'un à côté de l'autre doivent être disposés de telle sorte qu'on ne puisse y interrompre le courant. — Ainsi que je l'ai déjà mentionné (en a), tous les conducteurs principaux partant des dynamos doivent être pourvus d'appareils de sûreté s. — Le volt-mètre est muni d'un commutateur bi-polaire ; on peut donc, selon les besoins, le relier aux bornes des diverses machines.

Pour mettre les machines en marche, on procède d'après des règles analogues à celles qui ont été données en a. Si l'on veut que dès le commencement les machines fonctionnent toutes simultanément, on ferme les interrupteurs x et H, on insère toutes les résistances sur les régulateurs H et on laisse les machines s'amorcer. Dès que la vitesse est normale, on met à la force électro-motrice voulue, en agissant uniformément sur tous les régulateurs R ; si les machines n'ont pas le même travail à accomplir, on tourne séparément les manivelles des régulateurs. Il est quelquefois nécessaire de laisser les machines s'amorcer avant de fermer les interrupteurs (x d'abord, H ensuite ; voir 25, dernier alinéa). — Voici la manière de procéder pour mettre en circuit une machine, la machine II par exemple, pendant que d'autres machines sont en train de fonctionner. Lorsque la machine à mettre en circuit a atteint la vitesse normale, on ferme l'interrupteur x'', on mesure la tension de la machine I, puis on relie le volt-mètre à la machine II. On donne à la manivelle du régulateur R'' une position telle que la tension de la machine II soit égale à la tension de la machine I. Après avoir exécuté ces opérations, on ferme l'interrupteur H'', puis on place les manivelles des régulateurs R' et R'' de telle sorte que les deux machines travaillent avec la même intensité de courant et que la tension reste normale.

Pour arrêter l'éclairage, on peut opérer de deux façons : ou bien débrayer toutes les machines simultanément sans avoir préalablement ouvert l'interrupteur, ou bien mettre les machines hors circuit les unes après les autres. On commence par diminuer l'intensité du courant de la machine à mettre hors circuit, II par exemple, en manœuvrant la manivelle du régulateur R'' ; en même temps, au besoin, on maintient la tension à la hauteur normale au moyen du régulateur R'. Lorsque la machine II ne fournit presque plus de courant, on ouvre l'interrupteur H'', puis l'interrupteur x'', après quoi on peut débrayer la machine.

27. Entretien de la machine. Voici quelques points sur lesquels j'appellerai l'attention d'une façon spéciale.

Pendant la marche, une fine poussière de cuivre se détache des parties frottantes du commutateur et des balais ; cette poussière se dépose sur les parties voisines. Il faut, tous les jours, l'enlever très soigneusement au moyen d'un pinceau et d'un soufflet. En outre l'arbre, tournant rapidement, lance des gouttes d'huile. On peut atténuer cet inconvénient au moyen de feuilles de tôle protectrices ; on veille surtout à ce que l'huile ne tombe pas sur le commutateur. Au besoin, on le nettoie de temps en temps pendant la marche ; on se sert, pour cela, d'un linge sec que l'on enroule autour d'un morceau de bois découpé en forme de lime plate et que l'on tient contre le commutateur. Dans ces manipulations, pour éviter de recevoir des décharges électriques, si l'on est obligé de toucher aux parties métalliques des machines, on ne se sert que d'une main ; pour les machines à grande tension, il faut être très prudent. Avant tout, éviter d'enlever les balais du commutateur pendant la marche.

Les prises de contact qui se trouvent sur la machine devront toujours être en bon état ; si ce sont des vis on examinera de temps en temps s'il est nécessaire de les serrer. Pour la manière d'entretenir les balais et le commutateur, voir 28 et 30.

28. Entretien des balais. La première condition pour qu'une machine fonctionne sans étincelles, c'est que les balais soient bien appliqués ; ils doivent avoir une surface de contact suffisante et en pressant le commutateur faire légèrement ressort. Quand les balais exercent une pression trop forte, ils s'usent outre mesure, de même que le commutateur ; quand ils pressent trop légèrement, et quand le commutateur présente des inégalités, le contact peut être partiellement supprimé et il se produit des étincelles. — Les points de contact entre les balais et le commutateur doivent être diamétralement opposés l'un à l'autre ou comprendre, comme dans beaucoup de machines, un angle déterminé ; on compte les lames de commutateur qui se trouvent des deux côtés entre les balais, ou bien on mesure des deux côtés la distance des balais au moyen d'une bande de papier que l'on place au-dessus du périmètre du commutateur. — Quand on renouvelle les balais, il faut les manier avec précaution de manière à ne courber aucun fil ni aucune lame métallique ; avant de mettre ces balais en place, il faut bien nettoyer

leurs supports surtout à l'intérieur. Tous les balais doivent
avoir la même longueur en dehors des porte-balais. — Ceux-
ci doivent tourner facilement autour de leurs boulons ; quand
cette manœuvre est gênée par l'encrassement, il faut le faire
disparaître. Pour qu'il y ait un bon contact entre les porte-
balais et leurs boulons, il faut que les surfaces métalliques
intermédiaires soient toujours propres. — L'isolement entre
les boulons et la pièce dans laquelle ils sont engagés doit
toujours être en bon état ; ni huile, ni crasse. — Pendant
la marche, on ne doit déplacer les balais que quand les
machines en ont plusieurs montés à côté l'un de l'autre sur
un même boulon.

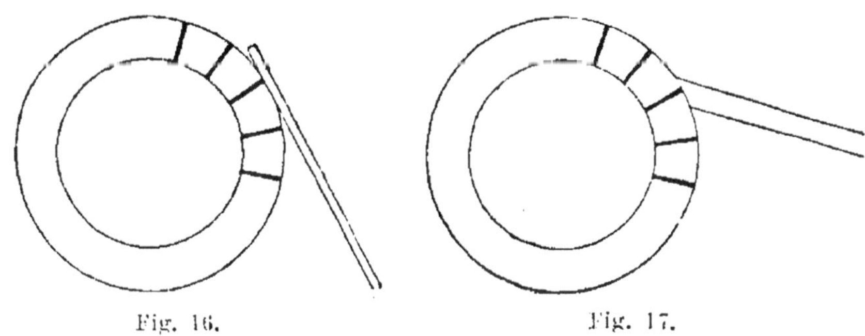

Fig. 16.   Fig. 17.

Voici maintenant quelques détails relatifs aux balais appliqués tangentiellement (fig. 16) et aux balais appliqués
obliquement (fig. 17) :

Les balais tangenciels (fig. 16), quand ils ne sont pas encore usés, ne doivent pas dépasser de plus de 4 à 5 millimètres la surface de contact. Quand une des couches de fils
ou de feuilles métalliques est à peu près complètement usée,
on retourne le balai, de sorte que le côté usé se trouve à l'extérieur. Quand le balai est usé des deux côtés, on le coupe
en dessous de la partie usée. On se sert pour cela d'une mâchoire en bois dur (fig. 18). Le balai est placé entre deux
planchettes dont l'une est munie de rebords longitudinaux
qui maintiennent les côtés. Cet assemblage étant placé

dans un étau, on coupe le bout qui dépasse et on lime le balai au droit de la face antérieure de l'appareil.

Les balais placés obliquement (fig. 17) durent plus long-temps que les autres, surtout lorsqu'on les entretient avec soin. Ils doivent toucher le commutateur par toute l'étendue de la surface en biseau ; pour les bien placer on éclaire le balai par dessous au moyen d'une bougie, de telle sorte que la lumière passant entre le commutateur et le balai signale les endroits qui ne joignent pas bien. Souvent les couches antérieures des balais ne s'usent pas complètement et, se déplaçant sur le commutateur, elles font partir des étincelles ; il est facile d'enlever avec des ciseaux ou avec une lime les parties en saillie sans endommager le reste de la surface usée par le commutateur.

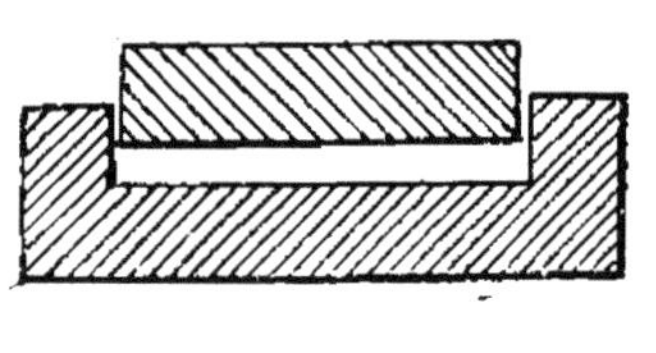

Fig. 18.

Pour réparer les balais, on se sert de l'appareil ci-contre ; on taille en biseau le bout antérieur de la mâchoire, de manière qu'il corresponde à la surface de glissement des balais.

A la vérité, on ne peut guère, à l'aide de la lime, les approprier bien exactement ; c'est pourquoi il est toujours utile de faire marcher la machine à vide pendant quelque temps jusqu'à ce que l'usure leur ait donné une surface de contact suffisante.

Il ne faut jamais tourner la machine en arrière tant que les balais touchent, car on pourrait ainsi les rebrousser.

Il est donc quelquefois nécessaire d'éloigner les balais du commutateur pendant que la machine est au repos, et dans ce cas on ne les applique à nouveau qu'après la mise en marche ; on imprime à la machine un mouvement lent, s'il est possible ; le circuit doit être interrompu. (Voir 25, dernier paragraphe.)

29. Calage des balais. Les balais doivent toujours être dans une position telle qu'il se forme aussi peu d'étincelles que possible ; la position qu'on donne à ces balais dépend, dans beaucoup de machines, de l'intensité du courant. Lorsque les lampes sont en dérivation, il est nécessaire de procéder à un nouveau calage des balais quand on augmente le nombre des lampes en circuit. Ce n'est que dans certaines machines que le calage des balais sert à régler le courant. Ce sont des machines qui donnent peu d'étincelles ; en tournant les balais dans le sens de rotation de l'armature, on affaiblit le courant ; en sens contraire, on le renforce.

30. **Entretien du commutateur** [1]. Il faut le maintenir aussi propre que possible ; lorsque les étincelles ont inégalisé la surface, on la polit avec du papier de verre ; puis, après avoir enlevé les balais, on met la machine en marche. Quand le papier de verre ne suffit plus, il faut employer la lime ; pour pouvoir tenir convenablement celle-ci, il faut en général ôter la pièce qui supporte les balais ; on termine en faisant tourner la machine et en frottant avec du papier de verre très fin. Souvent la limaille s'entasse dans la couche isolante placée entre les lames et par suite les bobines de l'armature se trouvent en court circuit (voir 34) ; il faut donc inspecter minutieusement le commutateur, après l'avoir limé. Il ne faut jamais appliquer, sur un commutateur limé à neuf, des balais à surface de contact défectueuse ; autrement il ne tarderait pas à présenter des aspérités.

L'emploi trop fréquent de la lime ôte au commutateur sa forme circulaire, ce qui généralement augmente les étincelles. Dans ce cas, on est obligé de le travailler au tour. A cet effet, on boulonne un petit chariot de tour sur le bâti de la machine, ou sur une poutre que l'on fixe à côté du bâti ; en tenant le ciseau à la main, on n'obtiendrait que des résultats peu satisfaisants. Pendant ce travail, il faut tourner

1. Le commutateur, dans les machines à courant continu, s'appelle généralement *collecteur*.

(Le traducteur.)

l'armature très lentement ; à cet effet on peut enlever la courroie et tourner l'armature à la main, au moyen d'une manivelle qu'on fixe sur la poulie. On ne peut pas opérer ainsi quand la poulie de la machine est placée entre les coussinets ; dans ce cas, il faut mettre l'armature sur un tour. On ne peut confier des travaux de ce genre qu'à un ouvrier expérimenté.

Dans les machines nouvellement montées ou dans celles qui sont restées longtemps sans travailler, il arrive souvent que les isolateurs, ayant absorbé de l'humidité, font saillie au-dessus des lamelles du commutateur ; il est donc prudent, avant de mettre la machine en marche, de faire tourner le commutateur contre une lime fine et de le polir ensuite au papier de verre.

Je ne recommanderai point de graisser ou d'huiler le commutateur pendant la marche ; en tout cas, la graisse ou l'huile ne doivent être appliquées qu'en petite quantité, de sorte que la couche grasse recouvrant le commutateur soit très mince ; on enlève cette couche de temps en temps au moyen d'un linge sec et on la renouvelle. On peut, en effet, en huilant avec soin diminuer notablement les étincelles, mais en agissant sans précaution on produit l'effet contraire.

31. Remplacement du commutateur. Le remplacement du commutateur ne présente pas trop de difficultés dans la plupart des machines. Voici comment on procède : après avoir enlevé l'armature et avoir posé les deux bouts de son arbre sur deux supports de bois, on fait une marque quelconque à l'un des fils métalliques qui conduisent de l'armature au commutateur (par exemple, en entourant d'un fil ordinaire ce fil métallique) et l'on marque sur l'arbre de l'armature la position de la lamelle du commutateur ; on pourra donc retrouver la position des fils de l'armature par rapport à l'arbre de la machine, quand on aura changé le commutateur. Après cela on détache du commutateur les fils de l'armature, qui y sont généralement vissés, puis on enlève le commutateur de l'arbre de la machine. On nettoie alors l'extrémité libre de l'arbre au moyen d'un chiffon huilé et l'on essaie si le nouvel appareil entre bien. On passe alors un chiffon enduit d'émeri sur les bouts des fils d'armature qui établissent la communication avec ce commutateur; ensuite on met celui-ci en place et l'on établit le contact des fils de l'armature. Avant de fixer le commutateur sur l'arbre de la machine, on vérifie s'il occupe bien la position indiquée par le fil métallique servant de repère et par la marque faite sur l'arbre. Enfin, on relie à demeure les fils de l'armature au commutateur. — Lorsque ces fils sont soudés aux lamelles du commutateur, le remplacement de ce dernier est bien plus difficile et exige beaucoup de soin. A l'endroit où les fils de l'armature sont reliés au commutateur, on applique le fer à souder. Avant d'adapter le nouvel appareil, il faut en bien nettoyer les extrémités et les étamer à nouveau; il faut aussi étamer soigneusement les contacts. Après avoir fixé le commutateur sur l'arbre, on soude les fils de l'armature au moyen du fer. Il faut exécuter ce travail avec des soins tout particuliers, car la soudure doit être très solide. En outre, il faut veiller à ce que les isolations entre les lamelles du commutateur ne soient pas bouchées par des gouttes de soudure fondue et à ce que les lamelles ne se trouvent pas en court circuit. Dans l'opération précédente on doit se servir de résine et non d'acide. — Pour le montage de l'armature dans la machine, voir 24.

32. Travaux de réparation. Les grands travaux de réparation s'exécutent autant que possible dans les fabriques; cependant, bien que la réparation se fasse ordinairement dans les usines, on est quelquefois forcé d'opérer sur place. Ce qu'on a le plus fréquemment à faire, c'est de renouveler les isolateurs des balais et ceux des bornes de la machine; en général, il faut se guider sur l'isolateur qu'on remplace. La réparation de l'armature et des électro-aimants exigeant plus d'habileté, voici quelques indications à ce sujet :

a. *Armature*. Dans la plupart des systèmes de machines, les fils enroulés sur l'armature forment une spirale fermée : celle-ci se compose de bobines séparées dont les extrémités communiquent avec les lamelles du commutateur. Les travaux de réparation consistent ici à rétablir les isolements qui ont cessé et à renouveler les spires des bobines. Pour opérer ces réparations il faut toujours enlever l'armature de la machine, et comme je l'ai décrit plus haut (voir 31), la poser sur deux supports de bois.

Armature système Gramme. L'enroulement du fil sur l'anneau est continu et forme plusieurs bobines disposées les unes à côté des autres. La fig. 19 est une esquisse schématique

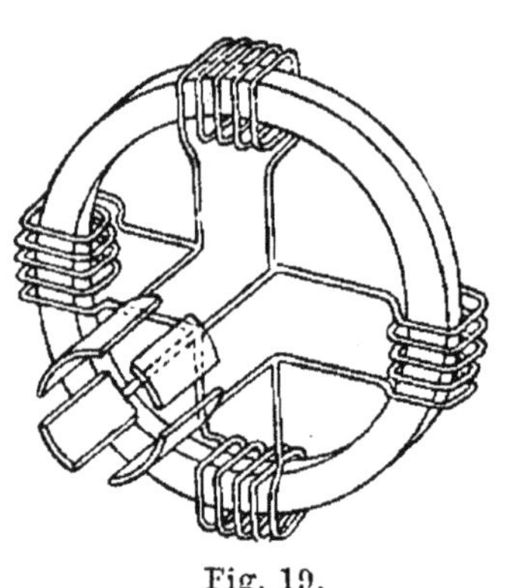

Fig. 19.

de cette armature ; on n'y a représenté que quatre bobines. Pour enrouler à nouveau une bobine d'armature, il faut, selon la construction de cette dernière, ou bien enlever complètement l'armature de l'arbre, ou bien se borner à enlever quelques bobines en ôtant les pièces qui les maintiennent. Quand le fil de la bobine cesse d'être isolé, on enroule de nouveaux fils ; c'est ce qu'il faut faire également quand le fil est rompu, car une soudure prendrait trop de place. Pour dérouler une bobine, on compte le nombre des tours et l'on observe bien exactement le nombre d'enroulements pour le reproduire. Quand le noyau de fer doux n'est plus bien isolé, il faut y remédier avant d'enrouler une nouvelle bobine. Il est rare que l'on ait à sa disposition les fils nécessaires pour former une bobine ; on doit alors se servir de l'ancien fil en entourant avec soin les parties non isolées, au moyen de rubans isolateurs aussi minces que possible ; mais, comme le nouvel isolateur est généralement plus épais que le premier, on donne à la bobine un ou deux tours de moins, ce qui ne diminue pas notablement le travail de la machine. Quand des soudures sont nécessaires, il faut les exécuter très soigneusement ; au lieu d'acide on se sert de résine.

Armature système Hefner-Alteneck. Dans l'armature en tambour, que représente la figure 20, les bobines se recouvrent partiellement sur la surface antérieure. Les réparations sont donc bien plus difficiles que celles de l'armature annulaire, car il y a des bobines sur lesquelles on ne peut pas enrouler le fil sans toucher en même temps à une autre ou à plusieurs autres. Quand la bobine à retoucher n'est pas une des bobines supérieures, il est à

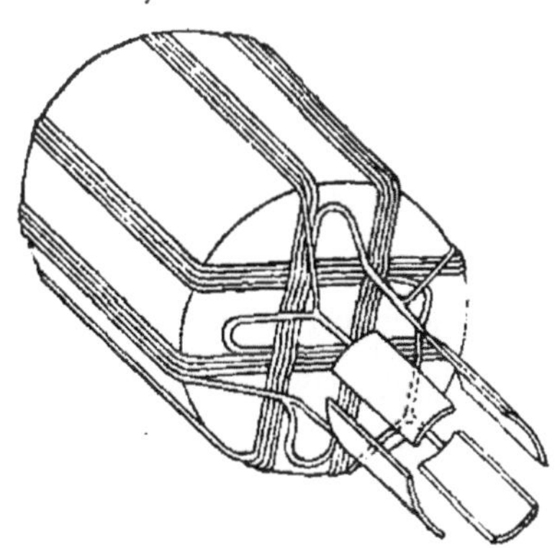

Fig. 20.

peu près impossible d'opérer la réparation sur place. Les règles générales données à propos de l'anneau Gramme s'appliquent également ici.

Quand on a remplacé les bobines d'une armature ou quand, pour une réparation quelconque, cette armature a été enlevée de son arbre, il est indispensable de la centrer et de l'équilibrer avant de la remettre dans la machine. Il faut, pour cela, que l'arbre soit soutenu à chaque bout, de manière à pouvoir tourner librement ; on prend comme support, de chaque côté, deux lames de fer ou d'acier, rapprochées en angle dièdre obtus. On centre l'armature sur l'arbre en serrant le croisillon à la demande. Quelquefois, pour équilibrer, on fixe à vis des morceaux de plomb sur le croisillon. Pour la manière de placer l'armature dans la machine, voir **24.**

b. *Inducteurs*. Quand les inducteurs ne sont pas bien isolés, il est généralement nécessaire de dérouler le fil qui les enveloppe. On enlève l'inducteur de la machine et on le fixe sur un tour; on fait marcher celui-ci lentement pendant qu'on déroule le fil et qu'on l'enroule d'autre part sur un dévidoir. Quand on a corrigé le défaut d'isolement, on enroule le fil à nouveau. Enrouler la bobine dans le sens primitif; attacher les fils comme ils l'étaient.

ESSAI DE LA MACHINE.

33. Isolement par rapport au fer de la machine. Rechercher si la machine est isolée par rapport au fer, c'est rechercher si elle isolée par rapport à la terre, dans le cas où les boulons de fondation établissent une communication avec la terre. On sait que les noyaux des inducteurs doivent être isolés par rapport à l'enroulement de la dynamo; il faut, avant de mettre en marche pour la première fois, et plus tard de temps en temps, examiner si l'isolement est bon. Au moyen d'un morceau de fil métallique bien isolé, dénudé aux extrémités, on touche tour à tour les deux pôles et en même temps le fer de la machine; il ne doit pas se produire d'étincelles si l'isolement est en bon état. S'il se produit une étincelle, même quand l'isolement est complet, cela ne peut être que dans les machines dont la tension est très élevée, celles dont la tension dépasse, par exemple, 300 volts. L'étincelle, d'ailleurs, est petite.

Quand on opère cet examen, il faut que la machine fournisse du courant, en fonctionnant, par exemple, sur le circuit extérieur; par conséquent, s'il y a un défaut, celui-ci peut être également attribué au conducteur. Dans ce cas, il serait nécessaire, après avoir débrayé la dynamo, d'enlever le conducteur des pôles et de renouveler l'essai, après avoir remis la machine en marche; on constaterait par ce moyen si le défaut se trouve réellement dans la machine. On ne peut opérer ainsi que quand les machines ont un enroulement mixte ou en dérivation (voir 21 et 22), car ces machines, même quand le circuit extérieur est intercepté, fournissent du courant. Dans les machines en série (voir 20), il faut remplacer le circuit extérieur par une résistance; mais on dispose rarement de résistances convenables; on peut donc se servir d'une seconde machine et d'un galvanomètre, comme je vais l'exposer.

Il faut d'abord vérifier si cette machine elle-même est bien isolée par rapport à la terre. On met en marche la machine auxiliaire comportant son circuit, après avoir placé entre ses pôles et la machine à essayer deux fils bien isolés. On enlève tout ce qui communique avec les bornes de cette dernière machine, de manière à pouvoir examiner en détail toutes les parties de celle-ci. On rattache au bâti de la machine à essayer l'un des conducteurs qui partent de la machine en marche, et avec celui-ci on touche tour à tour toutes les parties de la première. S'il se produit des étincelles, il y a des défauts d'isolement. On examine attentivement et on répare les parties défectueuses. Dans les cas très pressants et quand le défaut n'est pas capital, on peut se dispenser d'une réparation immédiate; mais, en tout cas, il faut isoler le bâti de la machine par rapport à la fondation. Quand, au contraire, il y a deux ou trois défauts d'isolement, on ne peut éviter les réparations. Lorsque, dans ces manipulations, on travaille avec des courants à haute tension, des précautions minutieuses sont de rigueur; il ne faut toucher même les fils bien isolés qu'avec des linges secs.

L'essai au galvanomètre, étant plus simple, mérite toujours la préférence; en général, il conduira au but comme l'essai au moyen du courant de la machine; car rarement les défauts d'isolement produisent une résistance telle que l'on ne puisse employer le galvanomètre. La nature de cet essai correspond exactement à celle du procédé décrit plus haut, dans lequel on emploie le courant d'une machine auxiliaire; le défaut est annoncé par une déviation du galvanomètre au lieu de l'être par une étincelle.

34. Court circuit dans l'armature. On entend par court circuit un circuit secondaire, de faible résistance, entre deux points d'un conducteur. Si, par exemple, le conducteur (fig. 21), représenté par une ligne ponctuée $a\,c$, se trouve entre les bouts de la bobine d'armature $a\,b\,c$, le courant principal passe par le conducteur $a\,c$. La bobine fermée sur elle-même produit au contraire, dans le circuit $a\,b\,c\,a$, des courants très puissants qui en peu de temps échauffent fortement la bobine et compromettent l'isolement. Souvent l'odeur de roussi se produit assez vite

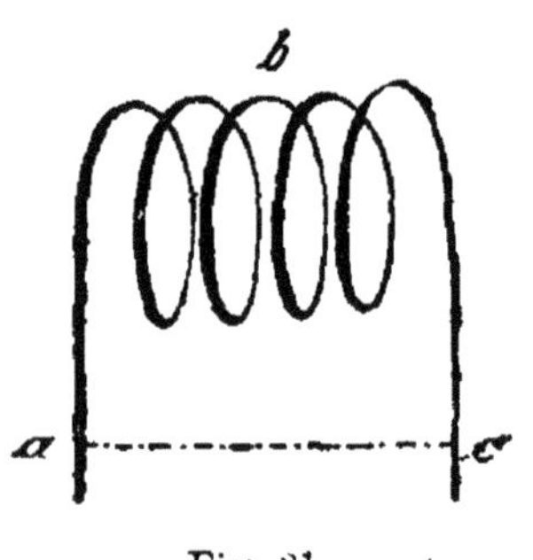

Fig. 21.

pour qu'on ait le temps de débrayer la dynamo et de prévenir ainsi la destruction de la bobine. Quand le défaut se trouve dans l'intérieur de l'armature, on ne peut éviter de procéder à une réparation complète (voir 32); souvent ce défaut provient d'une communication causée par de la poussière de cuivre qui s'est logée entre les lamelles du commutateur; dans ce cas un nettoyage suffit.

35. Interruption dans l'armature. C'est là souvent la cause pour laquelle une machine ne s'amorce pas. Pour rechercher ce défaut, on insère la dynamo sur le circuit extérieur, on la met en marche et l'on touche (fig. 22),

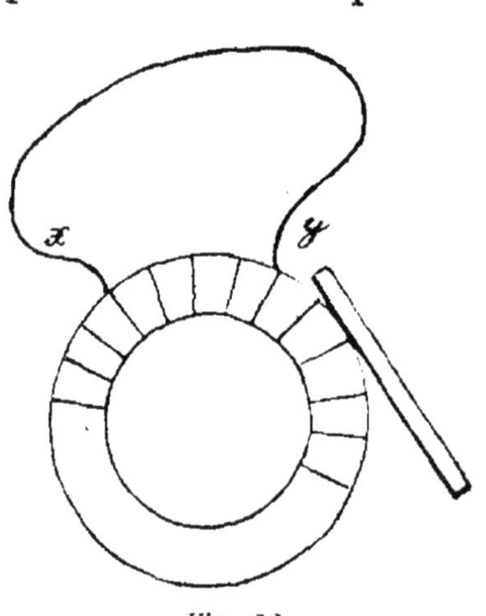

Fig. 22.

avec un bout de fil métallique, deux points, x et y, du commutateur, comprenant entre eux plusieurs secteurs. Si la machine s'amorce, on voit paraître, sur le trajet d'interruption, un arc électrique qui tourne avec le commutateur. Aussitôt que ce phénomène se produit, il faut mettre la dynamo hors circuit et débrayer ; la bobine défectueuse est facile à reconnaître, puisque c'est celle à laquelle correspond la partie brûlée du commutateur ; le défaut consiste soit en une soudure mal faite entre les diverses bobines, soit en une communication mal établie avec les lames du commutateur.

Les contacts défectueux, soit dans l'armature elle-même, soit dans les communications avec le commutateur, sont bien plus fréquents que l'interruption complète. La défectuosité des contacts se manifeste par la rapide destruction de quelques lames de commutateur, causée par une plus grande production d'étincelles. Lorsque certaines lames sont plus attaquées que les autres, il faut examiner attentivement leur jonction avec l'armature et le commutateur ; on examine et l'on serre, s'il est nécessaire, les vis qui établissent les contacts.

Généralement l'existence d'un mauvais contact dans une armature s'accuse par le magnétisme des inducteurs. On prend un morceau de fer, une clé par exemple, et on l'approche d'un des pôles, sans le toucher. Quand l'armature est en bon état, la clé est attirée avec une force uniforme ; quand, au contraire, le défaut que j'ai signalé existe, on remarque que la force magnétique éprouve des saccades particulières, c'est-à-dire que la force d'attraction varie à de courts intervalles. Le même tremblement se produit cependant aussi dans le cas que j'ai mentionné plus haut (34) d'un court circuit dans l'armature.

36. La machine ne donne pas de courant. Les causes de ce défaut peuvent être de nature très différente ; voici quelques indications à ce sujet :

a. Quand le magnétisme rémanent est trop faible pour amorcer la machine en marche, on touche avec un petit bout de fil métallique les deux bornes de la dynamo, intercalée sur le circuit. Le contact ne sera que de courte durée, pour qu'il ne se produise pas de trop fortes étincelles, au moment où la machine s'amorcera. Quand les machines sont en dérivation, on ne peut pas les exciter par court circuit aux pôles; alors on intercepte le circuit extérieur, car c'est dans ce cas que les aimants sont le plus fortement excités; on enlève toutes les résistances du régulateur; l'armature doit avoir au moins sa vitesse de régime.

b. On soumet à un examen attentif tous les contacts de l'armature et des inducteurs; on serre fortement les vis qui ne tiennent plus bien. S'il y avait interruption dans l'armature, on se reporterait aux explications données plus haut (35).

c. Quand la machine reste longtemps sans fonctionner, il arrive quelquefois que les isolants qui se trouvent entre les lames du commutateur font saillie, par suite d'absorption d'humidité, et empêchent les contacts des balais avec les lames. Voir ce qui est dit à ce sujet à 30.

d. Quand il y a court circuit aux balais de la machine, le courant, s'il s'en produit un, est faible. Inspecter minutieusement les balais; au besoin, faire un essai au galvanomètre. Vérifier si les boulons qui supportent les balais sont bien isolés dans la pièce qui les supporte eux-mêmes.

e. Quand tous les inducteurs sont en court circuit, il se produit des phénomènes tout à fait analogues à ceux dont on est témoin quand les balais se trouvent en court circuit; ce défaut, lui aussi, est facile à découvrir. Quand le court circuit n'a lieu qu'à l'un des inducteurs (fig. 23), la dynamo donne un courant, mais d'une moindre intensité que dans les conditions normales; ce défaut se reconnaît pendant la marche, au faible magnétisme des pièces polaires, ainsi qu'au faible échauffement de l'inducteur correspondant.

37. Causes pour lesquelles il se produit de fortes étincelles. Les étincelles qui se produisent au commutateur ne doivent jamais être assez grandes pour jaillir par-dessus la surface de contact des balais ou pour entraîner des parcelles incandescentes arrachées à ces balais. La cause pour laquelle il se produit de fortes étincelles est quelquefois l'état de la machine, quelquefois l'état du circuit extérieur.

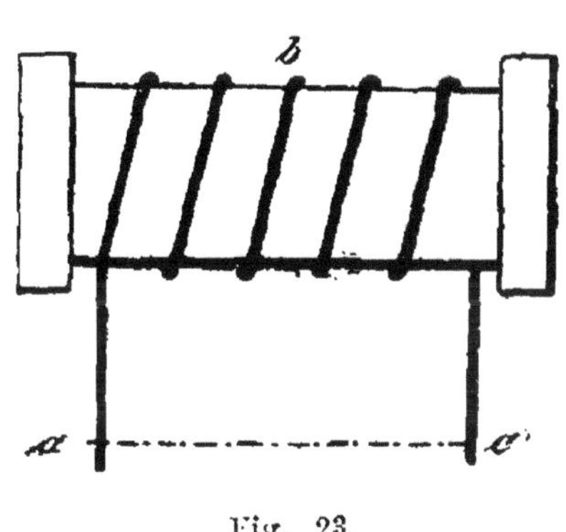

Fig. 23.

I. Les défauts de la machine peuvent se diviser de la manière suivante :

a. Mauvais état des balais et de leurs supports (voir 28).

b. Position défectueuse des balais (voir 29). Si, lorsqu'on place les balais pour que les étincelles soient aussi petites possible, il se produit à l'un d'eux plus d'étincelles qu'à l'autre, c'est généralement parce que ces balais sont diversement usés ou que leurs positions réciproques ne sont pas telles qu'elles devraient être (voir 28).

c. La surface rugueuse du commutateur est trop usée (voir 30) ou bien le commutateur est couvert d'huile et de poussière (voir 27).

d. Endroits défectueux dans l'enroulement de la machine (voir 33 à 35). Quand les inducteurs sont inégalement excités, les étincelles à l'un des balais sont plus fortes qu'à l'autre, comme quand les balais sont placés d'une façon inégale (voir *b*). Les inducteurs sont inégalement excités quand il se produit un court circuit dans l'un ou dans plusieurs d'entre eux, ou quand, dans des machines possédant plusieurs inducteurs montés en quantité, l'un d'eux ou plusieurs d'entre eux ont des contacts défectueux et que par suite les courants parcourant ces électro-aimants sont plus faibles.

II. Quand la cause de la grande formation d'étincelles se trouve dans le circuit extérieur, c'est que le courant est trop intense pour la machine ; celle-ci alors s'échauffe considérablement ; il faut à cet égard tenir compte des indications suivantes :

a. L'isolement des conducteurs est défectueux, et par suite la résistance du circuit extérieur est diminuée.

b. Les lampes sont alimentées par un courant trop fort, ou bien, si l'installation est faite en arc parallèle, il y a trop de lampes sur le circuit.

Lampes à arc.

38. Arc électrique. Dans les lampes à arc la lumière est produite par l'incandescence de parcelles de charbon dans l'arc lumineux et par l'incandescence des pointes des charbons. Dans les lampes à courants alternatifs, le charbon positif et le charbon négatif brûlent à peu près de même quantité ; par suite ces lampes émettent à peu près le même rayonnement au-dessus et au-dessous d'elles : la figure 24 représente la distribution de lumière ; dans cette figure, la longueur des rayons limités par la courbe correspond à l'intensité de la lumière émise sous les différents angles. Dans les lampes à courant continu, le charbon positif est plus incandescent que le charbon négatif ; la distribution de la lumière correspond ici à la figure 25. On remarquera que le tracé des deux figures précédentes suppose l'emploi de cloches de verre transparent ; quand on se sert de cloches de verre dépoli, la lumière se distribue plus uniformément.

Pour que les lampes à arc brûlent comme il faut, il est indispensable que l'arc ait la longueur voulue. Pour les lam-

pes à courant continu, la longueur de l'arc lumineux se mesure entre le point le plus bas de la cavité du charbon positif et la pointe du charbon négatif; pour les lampes à courants

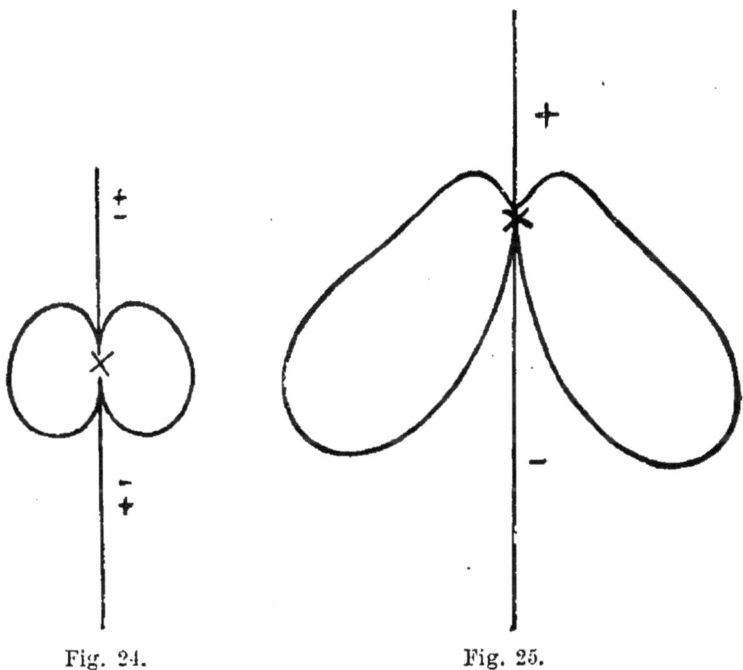

Fig. 24. Fig. 25.

alternatifs, on considère la distance des pointes des charbons.
Pour observer l'arc lumineux on se sert de verres foncés,
engagés dans un cadre, ou de lunettes de verre foncé.

Le tableau suivant indique, pour diverses intensités de
courant, la longueur de l'arc la plus favorable.

Intensité en ampères.	Longueur de l'arc en millimètres.
4	1,5
6	2,0
8	2,5
10	3,0
16	4,0
20	4,5
30	5,0
50	7,0
75	de 9 à 10.

3.

La tension aux pôles, dans les lampes qui ont une intensité de courant moyenne, 8 ampères environ, est à peu près de 45 volts; les lampes pour courants plus faibles n'exigent qu'une moindre tension; les lampes pour courants plus forts exigent une tension plus forte; ainsi on estime que pour 4 ampères il faut environ 40 volts par lampe, et que pour 80 ampères il faut environ 55 volts.

39. Mécanisme régulateur. Le mécanisme régulateur est ordinairement actionné par le courant qui traverse la lampe : il rapproche les charbons d'une longueur correspondant à l'usure. Chaque appareil possède un système qui permet de donner à l'arc la longueur normale. Pour ce qui concerne la manière de manipuler les diverses parties de l'appareil, je renverrai aux instructions spéciales données par les fabricants. En général, la personne chargée de monter les lampes s'efforcera de n'y rien changer, car les fabricants ont soin d'en vérifier le mécanisme avant de les expédier.

Le mécanisme des lampes destinées à être montées en série ainsi que des lampes destinées à être montées en dérivation (voir 40 *a* et *d*) comprend des interrupteurs automatiques qui permettent de mettre les lampes hors circuit sans interrompre le courant; la lampe supprimée est généralement remplacée par une résistance. Ces appareils entrent en fonction quand l'arc lumineux est interrompu, par exemple quand les baguettes de charbon sont usées.

Pour passer en revue la manipulation des divers systèmes de lampes, nous allons les diviser en trois groupes, d'après la manière dont le fil est enroulé sur les bobines :

a. Les bobines sont en gros fil et parcourues par le courant principal. La fig. 26 est l'esquisse schématique d'une lampe de ce genre. Le courant partant du pôle + arrive à la bobine; de là, par un contact, il arrive au support supérieur du charbon; il sort de la lampe en quittant le charbon inférieur par le pôle —. Le support du charbon supérieur est en relation, par exemple (fig. 26), avec un noyau de fer doux K pénétrant dans la bobine S ; le poids du noyau de fer doux est équilibré en partie par le contre-poids G. Le mécanisme se règle pour ainsi dire sur l'intensité du courant ; quand l'intensité diminue par suite de l'agrandissement de l'arc lumineux, le poids du support supérieur l'emporte sur la force d'attraction de la bobine ; en conséquence celle-ci s'abaisse jusqu'à ce que l'équilibre soit rétabli, c'est-à-dire jusqu'à ce que, par la diminution de l'arc lumineux, la force du courant soit redevenue normale.

b. Les bobines sont en fil mince et elles sont placées en dérivation par rapport au fil de la lampe ; je donne ici un schéma

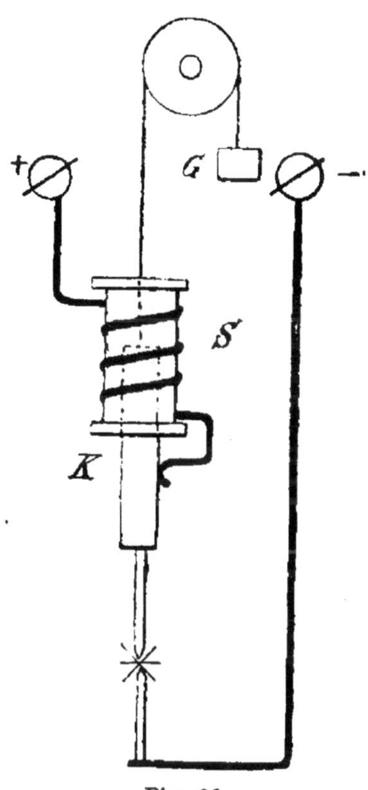

Fig. 26.

(fig. 27) analogue au précédent sauf une différence : c'est que le support du charbon inférieur communique avec le noyau de fer doux qui pénètre dans la bobine S. Ce qui règle le mécanisme ainsi mis en circuit, c'est la tension ; quand l'arc lumineux augmente, la tension augmente ; par suite, la bobine en dérivation, S, est traversée par un courant d'une plus grande intensité et attire plus fortement le noyau de fer doux : alors l'arc lumineux se raccourcit jusqu'à ce que la tension soit redescendue à sa valeur normale.

c. Quand une lampe possède les deux genres de bobines (voir *a* et *b*), l'une en gros fil, l'autre en fil fin, ces bobines réglant la lampe par leur action réciproque, on a là une lampe différentielle. Les deux bobines (fig. 28) agissent en

sens contraire. La bobine S entourée d'un gros fil, celle dans
laquelle circule le courant principal, tend à agrandir l'arc

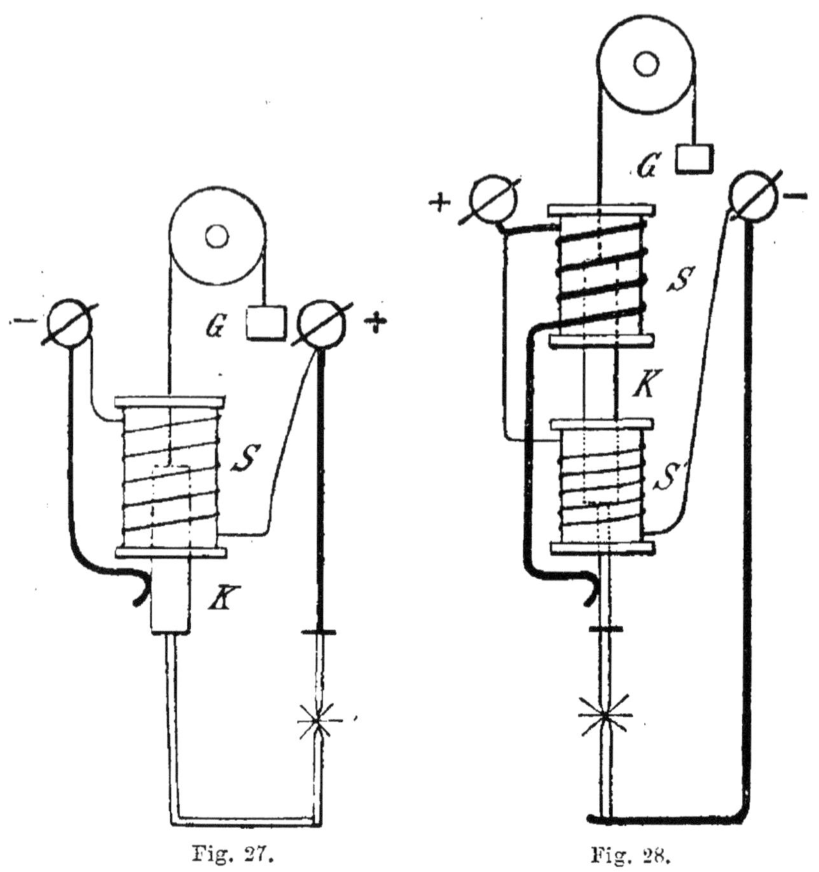

Fig. 27.   Fig. 28.

lumineux, tandis que la bobine en fil fin, S′, placée en dérivation aux pôles, tend à diminuer la longueur de l'arc.
A l'état normal, les deux bobines se compensent. Admettons,
pour plus de simplicité, qu'un courant constant circule dans
la bobine principale, S ; la force exercée par la bobine S′
augmentera peu à peu, tandis que l'arc lumineux grandira,
jusqu'à ce que l'équilibre soit détruit et que l'arc lumineux se raccourcisse.

Il y a d'autres lampes qui possèdent les deux genres de bobines ; elles ne sont pas pour cela des lampes différentielles.
Dans ces lampes, chaque bobine a une fonction spéciale ;

elles doivent être rangées dans les deux premiers groupes (*a* et *b*).

40. Assemblage des lampes à arc. Le mode de mise en circuit, pour les lampes à courant continu, doit être tel que le courant aille du charbon supérieur au charbon inférieur ; les pôles de ces lampes sont donc toujours désignés par les dénominations, pôle $+$ et pôle $-$. Dans les lampes à courants alternatifs, les deux pôles sont complètement équivalents.

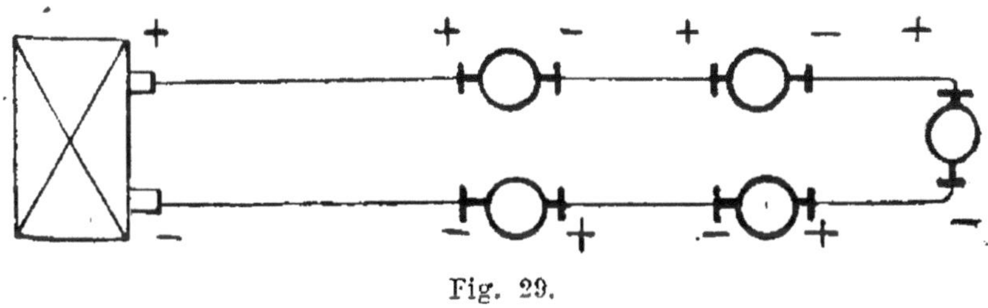

Fig. 29.

a. *Lampes en série*. La figure 29 représente l'assemblage en série. Le pôle $+$ de la machine communique avec le pôle $+$ de la première lampe ; dans les lampes elles-mêmes, les pôles qui se suivent sont toujours de nom contraire ; le pôle $-$ de la dernière lampe communique avec le pôle $-$ de la machine. Il y a toujours un ampère-mètre (voir 53) et un régulateur de courant (voir 50) intercalés sur le circuit des lampes. En général, il ne faut pas mettre des lampes hors circuit, à moins de les remplacer par des résistances (voir 52). Comme je l'ai déjà dit plus haut, on calcule que la tension par lampe est d'environ 45 volts ; en conséquence, pour trouver la tension aux pôles de la machine, en tenant compte de la perte de tension dans un conducteur considéré comme normal, il faut multiplier le nombre des lampes par 50. En se servant de lampes en série, on a l'avantage de pouvoir éclairer de plus grandes étendues tout en employant des conducteurs d'une section relativement faible.

b. *Lampes en arc parallèle simple*. Toutes les lampes,

comme le montre la figure 30, sont montées en arc parallèle sur le conducteur principal. Une résistance avec un inter-

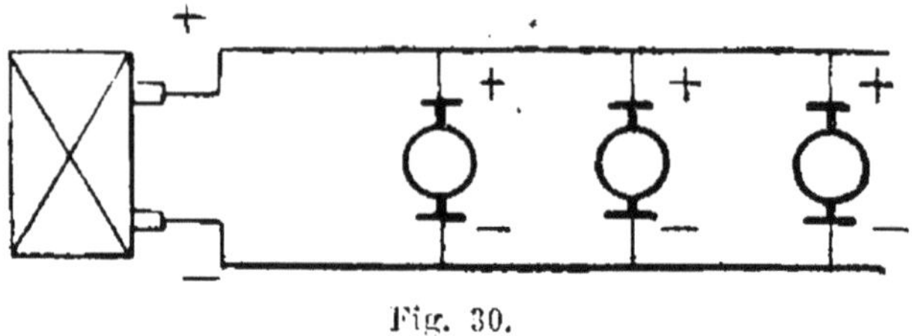

Fig. 30.

rupteur (voir 51), d'autre part un fil de sûreté (62) sont insérés en avant de chaque lampe; on peut donc mettre en circuit et hors circuit les diverses lampes indépendamment les unes des autres. Pour la mise en circuit, la dynamo a une tension d'environ 65 volts; on peut donc disposer, également en arc parallèle (voir 46 *a*), des lampes à incandescence à côté des lampes à arc; cependant, en général, il est utile d'avoir des conducteurs séparés pour les lampes à arc et pour les lampes à incandescence. Comme ce mode de mise en circuit exige de grandes sections de conducteurs, le réseau ne peut avoir que peu d'étendue, relativement au premier mode de mise en circuit (*a*).

c. *Lampes en arc parallèle double.* Ici, comme le montre la

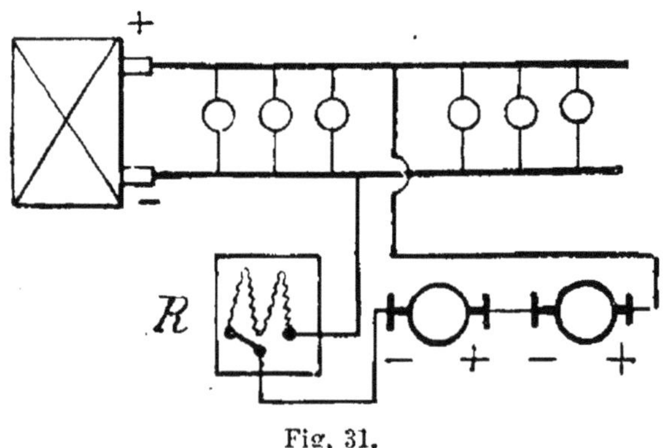

Fig. 31.

figure 31, les lampes à arc sont mises en série deux par deux et les couples de lampes ainsi formés sont montés en arc parallèle sur le conducteur principal. Chaque couple de lampes est précédé d'une résistance avec interrupteur R (fig. 31) et d'un fil de sûreté. C'est donc deux par deux à la fois que l'on met les lampes en circuit et hors circuit. La tension à la machine est donc d'environ 110 volts; pour que les lampes fonctionnent bien, il faut qu'il y ait au moins 105 volts de tension aux embranchements des conducteurs des lampes sur les conducteurs principaux. Pour monter en arc parallèle des lampes à incandescence avec des lampes à arc, on observera les mêmes règles que dans le dernier système (voir *b*). Dans la figure 31, les lampes à incandescence sont indiquées par de petits cercles.

d. *Lampes en arc parallèle multiple*. Dans ce mode d'assemblage (fig. 32), on réunit en arc parallèle plusieurs séries d'un même nombre de lampes à arc assemblées en tension. Il faut dans chaque série un ampère-mètre, une résistance avec interrupteur et un fil de sûreté. On met les séries de lampes en circuit et hors circuit indépendamment les unes des autres; les lampes ne peuvent donc pas être mises hors circuit une à une. Toutes les lampes d'une seule et même série doivent être construites pour la même intensité de courant; cependant les séries de lampes sont indé-

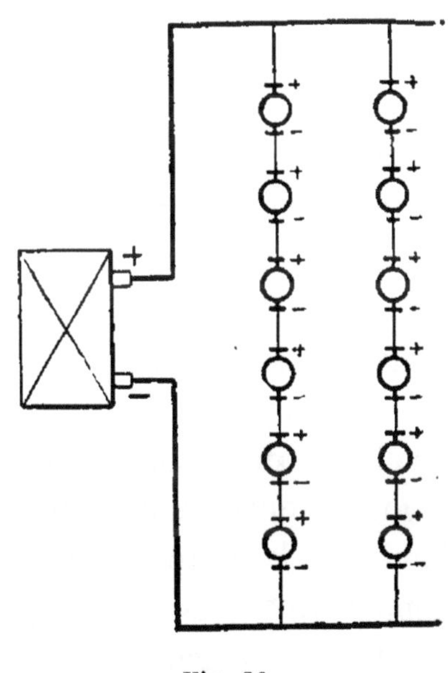

Fig. 32.

pendantes les unes des autres en ce qui concerne l'intensité du courant. La tension à la machine, ici comme en *a*, se calcule d'après le nombre des lampes mises en série; cette tension est ici un peu plus élevée, car il faut intercaler une résistance déterminée en avant de chaque série. En général, on ne peut pas se servir de lampes à incandescence quand on a recours à ce mode de montage.

41. Suspension de lampes à arc. Pour distribuer les lampes tant dans les endroits fermés qu'en plein air, il faut tenir compte tout d'abord des conditions locales. Dans le cas où l'on n'a pas à éclairer certains objets d'une façon particulière, les lampes doivent être distribuées de telle sorte que l'on obtienne un éclairage aussi uniforme que possible et qu'il n'y ait pas d'ombre latérale comme quand on se sert de lampes isolées.

Il faut que le point de suspension soit facilement accessible. Pour hisser la lampe on se sert d'un petit treuil ou de contre-poids. On ne se sert que rarement de poulies mouflées, et ce n'est guère que dans des endroits fermés ; dans ce cas, les deux cordes qui servent à hisser la lampe sont en cuivre et isolées l'une par rapport à l'autre : elles servent en même temps à conduire le courant. Pour la suspension, la corde de chanvre ne peut servir que dans les endroits secs ; dans les endroits humides et en plein air il faut toujours prendre de bonnes cordes en fil de fer bien galvanisé. Les conducteurs mobiles des lampes sont généralement des cordes de cuivre bien isolées ; ils ne doivent pas être trop longs, autrement il pourrait s'y former des nœuds ; on choisit donc comme point de départ de la conduite mobile, le milieu entre la position la plus basse et la position la plus haute de la lampe. Les conducteurs sont réunis aussi solidement que possible aux pôles des lampes.

On ne négligera point d'examiner de temps en temps si la corde de suspension est en bon état ; quand les lampes sont accrochées à des mâts, il faut penser également à examiner en temps utile, au bout de quelques années, si la partie en terre n'est pas pourrie.

Les coussinets des poulies de la corde de suspension doivent être huilés de temps en temps ; comme ils sont généralement difficiles à atteindre, il ne faut pas ménager l'huile au moment de l'installation. Les poulies doivent tourner facilement et avoir assez de jeu pour que la corde puisse glisser sur elles ; dans le cas contraire, elles se rouilleraient, surtout celles à l'air libre

Voici des chiffres sur lesquels on pourra se guider pour déterminer la hauteur qui convient pour la suspension et la distance entre les lampes à arc :

a. *Dans les endroits clos:*

Intensité en ampères.	Écartement des lampes dans les grands locaux. Mètres.
4	8
6	10
8	12 à 24

La hauteur de suspension ici est limitée généralement par la hauteur du local ; il ne faut dans aucun cas dépasser les mesures que j'ai indiquées pour les hauteurs de suspension en plein air (voir *b*).

b. *En plein air :*

Intensité en ampères.	Écartement des lampes dans les rues et les places, ainsi que dans les gares de marchandises. Mètres.
8	70 à 100
16	250 à 200

Pour l'éclairage des places, on obtient des résultats plus favorables au moyen de lampes à 16 ampères.

Intensité du courant en ampères.	Hauteur du point lumineux au-dessus du sol. Mètres.
6	5 à 6
8	8 à 10
10	12 à 14
16	20

42. Manipulation des lampes. On n'a guère qu'à se conformer aux instructions données par les fabricants pour les divers systèmes.

Pour placer les charbons, il faut veiller à ce qu'ils soient l'un au-dessus de l'autre et pas trop longs. Quand ils viennent d'être placés, les pointes doivent pouvoir être écartées encore de 4 millimètres au moins. Aussitôt après les avoir placés, on les rapproche jusqu'au contact ; on fait bien même d'user un peu les pointes l'une contre l'autre ; il faut aussi nettoyer avec un pinceau les supports ainsi que les autres parties saillantes du mécanisme ; au prix de ces petites précautions, les lampes marcheront longtemps et sans se déranger.

Il faut nettoyer de temps en temps le mécanisme de la lampe : on enlève la poussière avec un pinceau ; pour nettoyer les parties conductrices du courant et les conduites des supports des charbons, on se sert d'un chiffon largement imbibé de benzine. Quant aux parties de l'appareil qui peuvent s'altérer à la longue, telles que ressorts, cordes, etc., on examine si elles sont en bon état et si elles sont bien placées.

Pour examiner les lampes qui ne fonctionnent pas, on se conformera aux règles données plus haut (39) sur le mode d'action des bobines, et l'on trouvera facilement ainsi dans quelle bobine se trouve le défaut. Si une bobine ne fonctionne pas, on recherchera si elle est interrompue ou si elle est en court circuit. Les conducteurs mobiles et les contacts qui se trouvent dans le mécanisme de la lampe doivent être examinés minutieusement et, s'il est nécessaire, nettoyés à fond.

43. Charbons. On a des charbons dits à mèche (forés et remplis d'une matière spéciale) et des charbons homogènes. Dans les lampes à courant continu le charbon à mèche est en dessus, il sert de pôle $+$; le charbon homogène est en dessous, il sert de pôle $-$; le charbon positif s'use environ deux fois plus vite que le charbon négatif ; pour que les deux charbons aient la même durée de combustion, le charbon positif est plus long à moins qu'il n'ait un plus grand diamètre. Dans les lampes à courants alternatifs, en général, le charbon à mèche se place également en haut et le charbon homogène en bas. Dans ces lampes le charbon supérieur ne s'use guère plus vite que le charbon inférieur. Quant aux diamètres qui conviennent pour les charbons, suivant les diverses intensités de courant, je renvoie aux indications des fabricants ; la règle générale est que les lampes brûlent plus tranquillement quand on se sert de charbons plus faibles. Cependant, on choisit très souvent les charbons les plus forts en raison de leur plus grande durée.

L'endroit où l'on conserve les charbons doit être parfaitement sec.

44. Pratique de l'éclairage. Quand on se sert de lampes à arc, il faut exiger avant tout que la tension et l'intensité restent toujours normales. Pour mettre les lampes à arc en circuit et hors circuit, on observe des règles qui varient selon la manière dont ces lampes sont disposées sur le courant. Voici quelques indications à ce sujet : elles se divisent en plusieurs catégories, selon les divers modes d'assemblage (voir 40).

a. *Assemblage en série.* On met les lampes en circuit lorsque la machine a atteint sa vitesse de régime. Il ne faut interrompre le circuit des lampes qu'après avoir débrayé la machine ou que quand la vitesse n'est plus que le tiers de la vitesse normale, au moins. Lorsqu'il n'est pas possible de débrayer la machine, il faut, avant d'interrompre le circuit, réduire l'intensité en insérant de la résistance ou en décalant les balais (voir 29). En mettant hors circuit lorsque le courant a l'intensité normale, on pourrait d'une part compromettre l'isolement de la machine et du circuit extérieur ; d'autre part, le mécanicien s'exposerait à recevoir des décharges.

b. *Assemblage en arc parallèle, simple, double et multiple.*

C'est pendant la marche normale de la machine qu'on met en circuit ou hors circuit les lampes une à une ou les groupes de lampes un à un, ces lampes étant en série. Pour la plupart des lampes à arc, il est utile d'y faire passer un courant d'intensité normale, aussitôt qu'on les a mises en circuit ; il n'y a que quelques lampes pour lesquelles on recommande d'amener peu à peu en la position normale la manivelle du régulateur, lequel dans ce cas est placé en avant. Les lampes en arc parallèle ou les groupes de lampes sont mis en circuit les uns après les autres à intervalles déterminés ; on attend que les lampes mises en circuit brûlent convenablement, avant d'insérer le groupe suivant. Immédiatement après la mise en circuit, en effet, les lampes à arc exigent plus d'intensité que pendant le fonctionnement normal ; la machine aurait donc trop à faire si on mettait en circuit plusieurs séries de lampes parallèles à la fois. Au moment d'éteindre, on met successivement hors circuit les diverses lampes ou les divers groupes pour empêcher que la lumière des lampes à incandescence qui se trouveraient insérées en arc parallèle n'éprouve des variations, et pour éviter que la machine ne soit trop vite sans travail à faire. Au moment de débrayer la machine, toutes les lampes à arc doivent être hors circuit, autrement leur mécanisme régulateur pourrait s'endommager.

Il existe un moyen très efficace pour empêcher le courant de passer à travers le corps de la personne qui surveille l'appareil, ce qui est à craindre surtout quand on remplace les charbons, notamment ceux des lampes à arc mises en série ; ce moyen consiste à faire communiquer avec le sol la partie que l'on doit toucher avec la main. Si, par exemple, pour mettre les lampes hors circuit, on se sert d'une clé qui ferme les pôles en court circuit, on relie à cette clé le bout décapé d'un fil isolé et on relie l'autre bout à une plaque de cuivre : on met un pied sur cette plaque pour assurer le contact de celle-ci avec le sol pendant que l'on s'occupe de la lampe.

Quand les lampes sont suspendues en plein air, il est plus commode de ne pas se servir de la plaque de cuivre et de ficher dans le sol, près de la lampe, un bâton muni d'une pointe de fer.

Lampes à incandescence.

45. Tension nécessaire aux lampes à incandescence. La tension qui convient pour les lampes à incandescence dépend de la matière ainsi que des dimensions et de la résistance du filament de charbon. La tension qu'il faut considérer comme normale est généralement indiquée sur les lampes elles-mêmes. Les lampes dont on se sert habituellement fonctionnent avec 100 volts. En dépassant la tension normale, on augmente l'éclairage plus que porportionnellement, mais on nuit d'une façon considérable à la durée des lampes.

46. Manière de disposer sur le circuit les lampes à incandescence.

a. *Lampes en arc parallèle.* Ce mode d'assemblage (fig. 33) est le plus usuel pour les lampes à incandescence ; il consiste

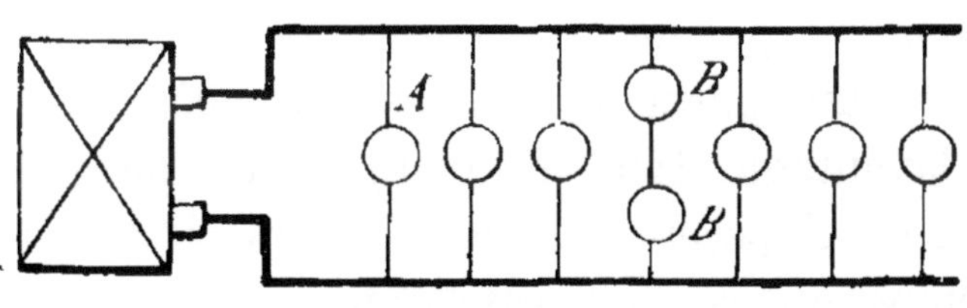

Fig. 33.

à réunir toutes les lampes à deux conducteurs communs. En se servant de machines construites exprès on peut, selon les besoins, mettre en et hors série, les lampes une à une, ou les groupes de lampes un à un.

On ne place sur un même circuit que des lampes de même tension. Lorsque des lampes à faible tension doivent brûler en même temps que des lampes à haute tension dans un même circuit, il faut mettre en série un nombre des premières tel que la somme de leurs tensions soit égale à la tension maxima des lampes en circuit. Quand, par exemple, on veut mettre dans le même circuit des lampes à 50 volts de tension avec des lampes à 100 volts (dans la figure 33, les premières sont désignées par B, les secondes par A), les premières doivent être mises en circuit deux par deux : on ne peut donc pas mettre hors circuit l'une des deux lampes sans l'autre; quand l'une s'éteint, l'autre s'éteint en même temps. Cependant, quand on emploie un certain nombre de ces couples de lampes (fig. 34), on n'a qu'à réunir

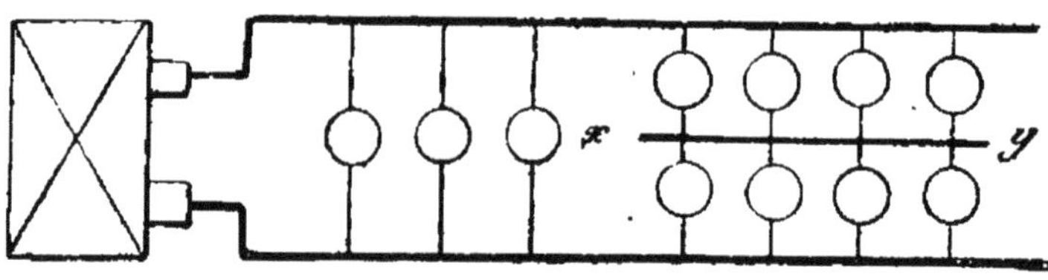

Fig. 34.

leurs bornes intermédiaires par le conducteur x y; on peut alors mettre hors circuit les lampes une à une. Dans les conditions normales cependant, il doit y avoir de chaque côté un nombre égal de lampes allumées, car lorsque l'on retire du circuit plusieurs lampes d'un côté, les autres éclairent davantage; tout au plus, quand on se sert de 10 lampes, est-il permis de mettre hors circuit, pendant quelque temps, une seule de ces lampes.

Dans l'assemblage ordinaire en arc parallèle (fig. 33), lorsqu'il y a perte de tension dans le conducteur, les lampes qui se trouvent au bout de celui-ci brûlent avec moins de tension que celles placées en circuit près de la machine. Pour distribuer la perte de tension uniformément sur toutes les lampes on se sert du dispositif que représente la figure 35. Ici les diverses lampes ou groupes de lampes se rattachent en série renversée aux deux conducteurs, de sorte que les lampes qui sont reliées au commencement de l'un des conducteurs sont reliées au bout de l'autre. En général, cette disposition ne doit pas être recommandée, car elle nuit considérablement à la simplicité de l'installation ; on veillera

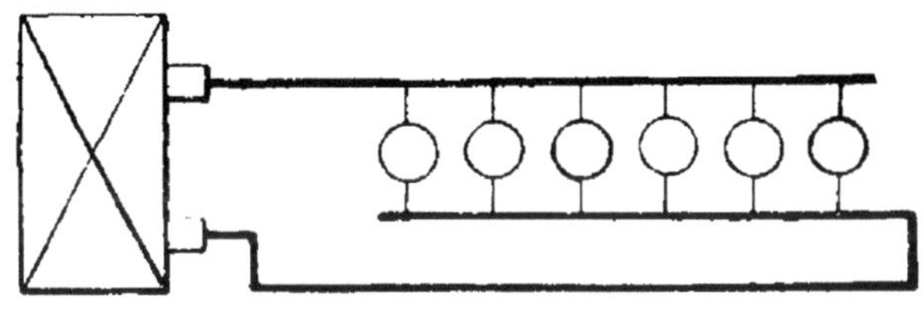

Fig. 35.

plutôt à ce que la perte de tension dans le conducteur (voir 82) ne dépasse pas la limite permise, quand on a recours à l'assemblage en arc parallèle.

b. *Lampes en série; séries parallèles, montées en tension.* Quand on doit se servir de machines à haute tension pour l'éclairage par incandescence, on monte en tension un nombre de séries parallèles tel que la tension de la machine soit un multiple de la tension des lampes. Si par exemple on se sert d'une machine de 300 volts de tension et d'une lampe de 100 volts, on forme (fig. 36) trois groupes parallèles mon-

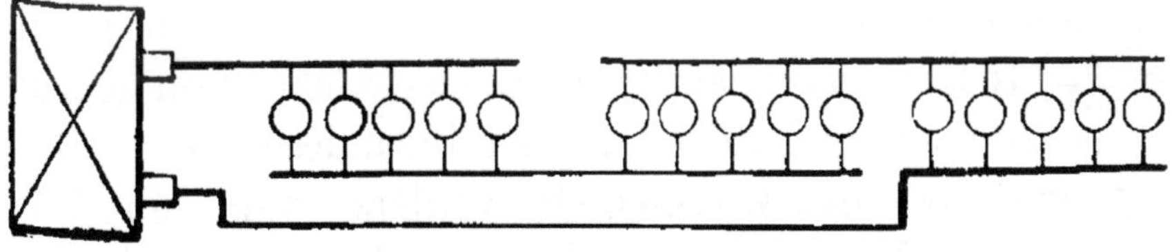

Fig. 36.

tés en tension, dans chacun desquels doit brûler un même nombre de lampes. En général, dans ce mode de montage, on ne peut pas mettre de lampes hors circuit; il faut donc veiller à remplacer promptement les lampes usées, de même que, pour le mode de montage correspondant, indiqué plus haut (fig. 34), il est de règle de ne pas mettre hors circuit pour quelque temps plus d'une lampe sur dix. Ces montages ne doivent être employés que dans des cas très rares, par exemple, quand il s'agit de produire l'éclairage de très loin, car alors le mode de montage en arc parallèle exigerait des fils conducteurs d'une trop grande section.

c. *Lampes à incandescence mises en série avec des lampes à arc.* Ce système est encore moins bon que le précédent (*b*), car les variations de courant dans les lampes à arc empêchent les lampes à incandescence d'éclairer régulièrement. La figure 37 montre bien ce mode de montage. Le nombre

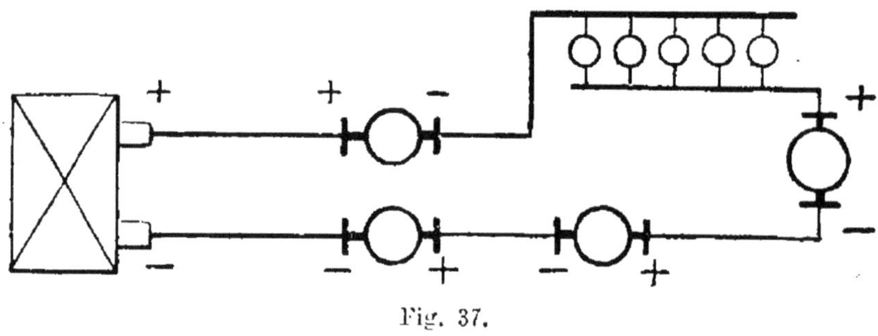

Fig. 37.

des lampes à incandescence à mettre en circuit dépend de l'intensité de courant nécessaire pour les lampes à arc. Si, par exemple, les lampes à incandescence exigent 0,5 ampère, et les lampes à arc 8 ampères, il faut monter en série parallèle $\frac{8}{0,5}$, 16 lampes à incandescence; ici également on ne peut pas mettre hors circuit des lampes à incandescence.

47. Monture des lampes. On veillera avant tout à ce que les fils conducteurs soient bien fixés dans la monture des lampes; ces fils, s'ils sont nus, doivent être écartés les uns des autres autant que possible. La partie extérieure de la monture ne doit pas être en contact avec le conducteur, à moins que la construction n'exige ce contact. Quand les contacts des fils qui amènent le courant se trouvent en dehors de la monture, il faut nettoyer souvent les surfaces de contact, surtout dans les locaux humides et dans ceux dont l'air est chargé de vapeurs acides.

Quand on met la lampe en place, s'il faut pour cela la visser dans la garniture, on aura la précaution de détourner le visage, pour ne pas s'exposer à être blessé dans le cas où la lampe viendrait à éclater. Pour mettre hors circuit les lampes une à une, on se sert de montures à interrupteurs ou d'interrupteurs à part. Il faut éviter de détacher les contacts de la garniture pour mettre hors circuit.

Quand il s'agit d'examiner des montures défectueuses, on les défait, puis on essaie à l'aide du galvanomètre si les contacts sont bien isolés les uns par rapport aux autres et par rapport à la monture, ainsi que par rapport à la suspension. Dans le cas où la monture est à interrupteur, on essaie si cet interrupteur fonctionne bien. Quand les montures ont fait un long service, on les lave, surtout à l'intérieur, au moyen d'un chiffon trempé dans la benzine et on polit les contacts avec un linge enduit d'émeri fin. Avant la mise en place, il peut être utile de vérifier toutes les montures.

48. Suspensions. La diversité des suspensions étant très grande, je ne puis mentionner ici que les plus usitées. Pour les locaux ordinaires, on se sert beaucoup de tubes de verre ; avec des tubes assez larges ayant de $\frac{1}{2}$ millimètre à 1 millimètre d'épaisseur et des conducteurs bien isolés, on peut faire des lampes très pratiques. La manière dont elles sont fixées au plafond ou à la muraille doit être telle qu'on puisse faire entrer facilement les fils conducteurs dans les tubes ; les arêtes aiguës doivent être limées avec très grand soin, pour que l'enveloppe

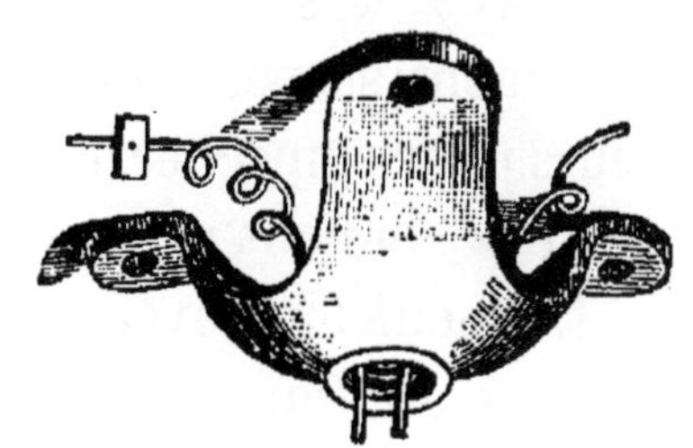

Fig. 38.

isolante des fils ne soit pas détruite. Pour fixer les tubes, on se sert de petits trépieds en fonte (fig. 38) dans lesquels on fait entrer les fils conducteurs qui sont enroulés en spirale à cet endroit; il serait complètement défectueux de tendre les fils conducteurs de façon à les presser contre les lampes. On évitera de relier les lampes aux parties métalliques du bâtiment. Avant de rattacher les lampes au conducteur principal il faut essayer si elles sont bien isolées.

On augmente beaucoup l'effet lumineux produit par les lampes à incandescence en disposant de petits abat-jour enduits d'une couleur, d'un vernis ou d'une laque blancs au-dessus de ces lampes suspendues. Quant aux tiges de support, il est très bon, pour augmenter l'effet lumineux, de les courber sous un angle de 45" (fig. 39).

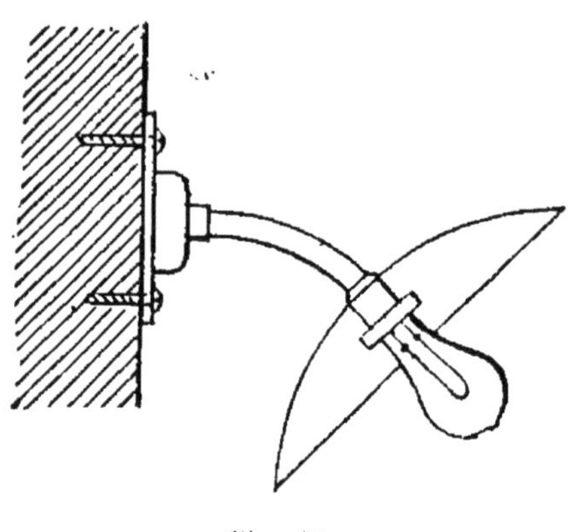

Fig. 39.

Quand les lampes sont exposées à des trépidations, souvent on les suspend directement au fil conducteur qu'on enroule en spirale et qu'on fixe au plafond au moyen de boutons de porcelaine ou de crampons; alors la monture de la lampe doit être tout au plus revêtue d'un abat-jour de papier. Cette suspension est plus solide si l'on se sert d'une spirale de fil métallique spéciale (fig. 40) et si l'on amène les fils conducteurs en spirales librement suspendues. Il faut disposer des appareils protecteurs pour empêcher les lampes de tomber dans le cas où elles se détacheraient par suite d'ébranlements dans les montures.

Le meilleur moyen est d'entourer la lampe d'une corbeille de fil métallique : quelquefois on passe une ficelle autour de l'étranglement supérieur de la lampe et autour de la monture.

Dans les endroits où les lampes sont exposées à des chocs, on les protège au moyen de corbeilles en fils métalliques ou de fortes cloches de verre. Quand il faut éclairer des locaux

où s'accumulent des gaz explosifs, les lampes avec leurs
montures doivent être placées dans des cloches en verre
épais fermant bien. Généralement le tube de verre par lequel
arrivent les fils conducteurs est aussi fermé hermétiquement;
après y avoir logé les fils, on le bouche en y coulant du sou-

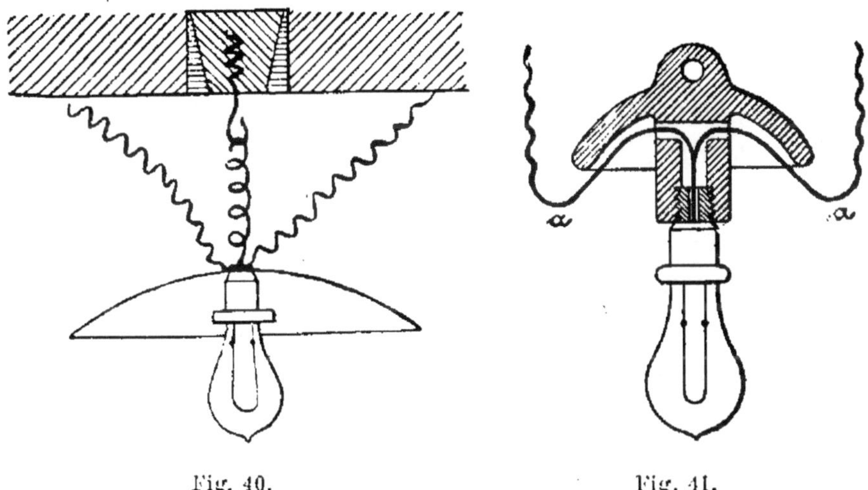

Fig. 40.   Fig. 41.

fre, ou bien on ferme l'extrémité supérieure avec un bouchon de cire. On se sert de suspensions analogues, avec
cloches de verre, dans les locaux remplis de vapeur d'eau; il
faut, en outre, des appareils protecteurs spéciaux contre
l'eau qui peut tomber du plafond : on se sert, par exemple,
de cloches en porcelaine sous lesquelles les fils conducteurs
arrivent par deux ouvertures diamétralement opposées, de
telle sorte que l'eau qui se rassemble sur le conducteur
puisse s'écouler en a (figure 41).

Pour suspendre les cloches au plafond, on se sert de tiges
de fer munies de crampons.

On fabrique des lampes de luxe, de toutes formes, pour
les appartements somptueux. Avant de se servir de ces appareils, on ne négligera jamais de vérifier s'ils sont bien
isolés.

Quand il s'agit de remplacer l'éclairage au gaz par l'éclairage au moyen de lampes à incandescence, en conservant la plus grande partie possible des anciens appareils, il est absolument nécessaire d'opérer le montage avec une très grande précision. On fixe les fils conducteurs sur les tuyaux de gaz en entourant ceux-ci de rubans isolants en des endroits que l'on ne puisse pas voir d'en bas, et en introduisant, dans les enroulements, des fils conducteurs opposés diamétralement entre eux. Comme le ruban isolant pourrait se détacher à la longue, on enroule de la ficelle par-dessus. Pour fixer les fils conducteurs d'une façon plus solide, dans les fabriques par exemple, on les attache aux tuyaux de gaz au moyen de petites cloches munies de deux boutons isolants.

Les montures des lampes sont généralement fixées par des crampons de laiton ; on isole ces derniers au moyen de petits manchons en rubans isolants, en tuyaux de *caoutchouc,* etc., car très souvent les montures elles-mêmes sont mal isolées. Pendant ces opérations, un galvanomètre ou une sonnette électrique est insérée sur le circuit, l'un des pôles étant relié aux deux conducteurs, l'autre à la conduite de gaz. Si, pendant le travail, il se produit un circuit avec la conduite de gaz, l'appareil l'indique aussitôt, et il est facile de trouver le défaut en défaisant toutes les communications établies jusqu'alors. Dans ces installations il ne faut pas épargner les fils de sûreté ; chaque lampe, s'il est possible, doit en avoir un. Quand on cesse complètement l'éclairage, on interrompt la communication métallique des lampes entre elles et avec la terre.

49. Actionnement de l'éclairage. On se sert des machines montées en dérivation avec enroulement mixte (voir 21 et 22). Voici les règles pour commencer à actionner. Généralement avant de mettre la machine en marche, on ferme le circuit extérieur ; puis on ouvre le régulateur inséré sur l'enroulement en dérivation ou bien on insère toute la résistance sur cet appareil. Lorsque la machine est arrivée à faire le nombre de tours voulu, on règle peu à peu au moyen du régulateur, jusqu'à ce qu'on ait la tension normale. Souvent, pour commencer, il est nécessaire de faire marcher la machine à vide ; on ne ferme le circuit extérieur, puis le régulateur, que quand on a atteint la vitesse de régime. En général, pour éteindre, on débraye la machine sans avoir préalablement interrompu le circuit ; pour décharger peu à peu le moteur, on insère lentement de la résistance au régulateur et l'on interrompt ensuite le circuit en dérivation ; on peut alors intercepter aussi le circuit principal et débrayer la machine. Pour le travail avec machine en arc parallèle, je renvoie à 26.

Pour mettre des groupes de lampes en ou hors circuit pendant l'éclairage, on les sépare en subdivisions, car, lorsqu'on met un grand nombre de lampes simultanément en circuit ou hors circuit, il se produit un vacillement dans la lumière des autres ; l'importance de ces groupes dépend naturellement de la grandeur de la dynamo dont on se sert.

Il faut, pendant toute la durée de l'éclairage, que la tension aux pôles de la machine et par conséquent la tension aux pôles des lampes soit constante.

Appareils auxiliaires.

50. Régulateur de courant. Au moyen de cet appareil on gouverne le courant en insérant et retirant de la résistance, quand l'intensité varie par suite d'un changement de vitesse ou d'un changement dans la quantité de travail à faire. Pour faire fonctionner le régulateur, on déplace avec la main une manivelle communiquant avec les résistances ; dans les régulateurs automatiques, le déplacement du contact qui met la résistance en circuit ou hors circuit est effectué par un mécanisme automatique. Voici les règles à suivre pour le montage et l'entretien du régulateur :

a. Régulateur pour machines en série (voir 20). Le courant principal parcourt le régulateur, lequel se trouve derrière les appareils insérés sur le circuit. On interrompt ce circuit *a b c* (fig. 42) en un endroit déterminé *x y*, on relie aux pôles du régulateur les bouts de fil ainsi dégagés.

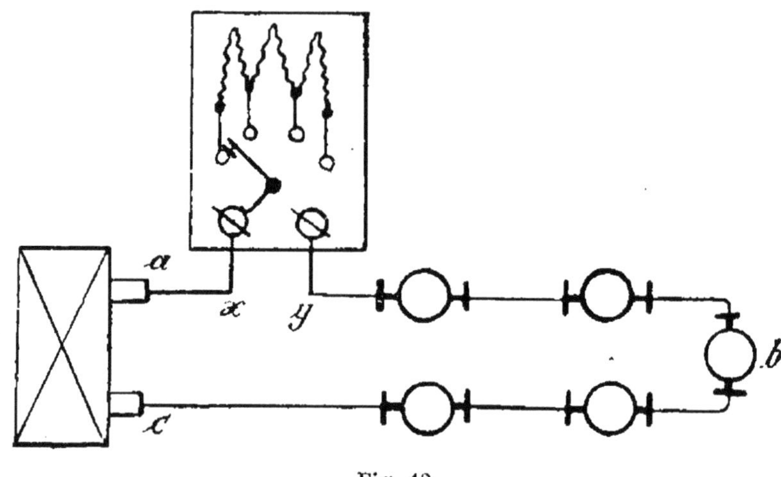

Fig. 42.

b. Régulateur pour machines en dérivation et pour machines à enroulement mixte (voir 21 et 22). Le régulateur est inséré sur le circuit en dérivation. Le courant qui parcourt les inducteurs étant interrompu en un point déterminé, on le ferme par l'interposition du régulateur. Généralement il y a, pour cet usage, des contacts spéciaux sur la machine.

On monte le régulateur dans le local des machines, près des instruments de mesure, à une hauteur telle que la manivelle soit à portée de la main. Quand le montage est terminé, on essaie si le régulateur fonctionne bien, s'il permet de compenser les variations de courant maxima qui se produisent pendant le travail.

Pour entretenir le régulateur, il faut nettoyer de temps en temps les surfaces de contact au moyen d'un linge enduit d'émeri bien fin, car ces surfaces s'oxydent facilement par suite de la formation des étincelles et les contacts deviennent défectueux. Le ressort de la manivelle doit appuyer fortement contre les contacts.

51. Résistances pour lampes à arc. Quand on monte des lampes à arc en quantité (voir 40, *b*, *c* et *d*), on insère, en avant des divers circuits de lampes, des résistances qui tantôt sont disposées à la manière des régulateurs de courant (voir 50) et tantôt sont munies de simples interrupteurs pour fermer et ouvrir le circuit (voir 58). La figure 42 représente la position qu'occupe la résistance sur son circuit; les points *a* et *c* sont les points d'embranchement du circuit des lampes sur le circuit principal, comme dans la figure 31. Voici les règles pour le montage des résistances. Dans le montage en arc parallèle simple et double (voir 40, *b* et *c*), les résistances se trouvent généralement dans le voisinage de leurs lampes, et, s'il est nécessaire, dans des boîtes protectrices, ainsi qu'il est indiqué dans la fig. 51 pour les interrupteurs; le montage des résistances dans le local des machines exigerait généralement un trop grand nombre de conducteurs isolés. Dans le montage en arc parallèle multiple (voir 42), les résistances doivent toujours être placées dans la chambre des machines. Pour l'entretien de ces appareils, on observera les mêmes règles que pour l'entretien du régulateur (voir 50).

52. Résistance supplémentaire. Dans les modes de montage de lampes à arc indiqués en 40 *a*, *c*, et *d*, il faut pour mettre en circuit ces lampes une à une ou plusieurs à la fois insérer une résistance égale à celle de ces lampes. L'appareil nécessaire ici se distingue du régulateur en ce que, au lieu d'avoir une manivelle permettant d'insérer des résistances graduées, il est pourvu d'un levier à commutateur au moyen duquel on peut insérer sur le circuit les lampes ou les spirales de résistance.

Si par exemple il s'agit de mettre momentanément hors du circuit *a b c* (fig. 43) les lampes 2 et 3 et de les remplacer

par la résistance, on interrompt le conducteur en *d e*, en avant
de la lampe 2, on fait communiquer *d* avec le point de rotation *x* de la manivelle à commutateur, on fait communiquer *e*
avec le contact *y* qui ne communique pas avec les spirales de
résistance. On relie au troisième contact *v*, qui communique

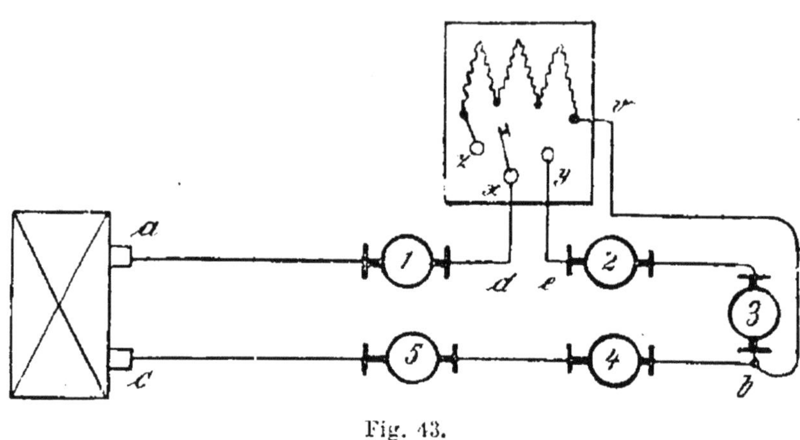

Fig. 43.

avec le bout des spirales, un conducteur se rattachant au
conducteur principal, en *b*, derrière la lampe 3. Quand les lampes sont mises en circuit, le levier est dans la position *x y;*
le courant passe donc par *a d — x y e — b c;* dans l'autre
cas, quand on a mis la résistance supplémentaire, le levier est
en *x z;* le courant passe donc par *a d — x z v, — b c*.

On place cet appareil en général au voisinage des lampes
à mettre hors circuit; dans les locaux où peuvent entrer des
étrangers et en plein air, on le loge dans une boîte qu'on
peut fermer (voir fig. 51). L'entretien se fait comme celui
du régulateur (voir 50).

53. Ampère-mètre. Cet instrument indiquant des ampères sert à contrôler l'intensité du courant. Il est incontes-
tablement nécessaire, quand on a des lampes à arc montées
en série ou en arc parallèle multiple (voir 40, *a* et *d*). C'est
surtout quand les lampes sont en série que l'on se conforme
aux indications de l'ampère-mètre pour la manœuvre du

régulateur. C'est surtout dans les établissements éclairés par des lampes à incandescence, par des lampes à arc, montées en quantité (voir 40, *b* et *c*) et par le système mixte, lampes à arc et lampes à incandescence actionnées par une dynamo, que l'on ne peut se dispenser de l'ampère-mètre, soit qu'on ait monté un nombre de lampes supérieur à celui qui correspond au travail maximum de la machine, soit que l'on ait plusieurs dynamos montées en arc parallèle (voir 26). Dans les établissements éclairés par les lampes à incandescence, il arrive souvent que l'on mesure directement sur l'échelle de l'ampère-mètre la quantité d'éclairage fournie, cet éclairage étant exprimé par des lampes de 16 bougies normales ; ces appareils s'appellent compte-lampes. L'ampère-mètre s'insère directement sur le circuit du courant dont il faut mesurer l'intensité. La figure 44 montre la place qu'occupe l'ampère-

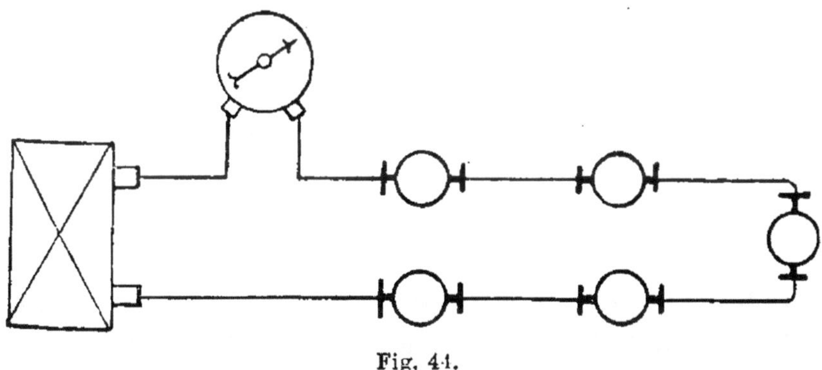

Fig. 44.

mètre quand on a des lampes à arc montées en série ; quand on a des lampes à arc montées en arc parallèle multiple, on place les ampère-mètres d'une façon analogue, un par série de lampes. La figure 45 indique la position de l'ampère-mètre dans les établissements à éclairage par incandescence et à éclairage mixte.

L'ampère-mètre doit toujours être placé dans la chambre des machines ; voici les règles à suivre pour l'installer : l'appareil ne doit jamais se trouver trop près des dynamos, sinon

il est influencé par elles. Pour la même raison, les conducteurs
dans lesquels passent des courants de haute intensité ne doivent pas être placés trop près de l'ampère-mètre ; les conducteurs qui aboutissent à l'appareil font naturellement exception ; mais, s'il est nécessaire, on les dirige de telle sorte
que les effets du courant se compensent, en plaçant parallèle-

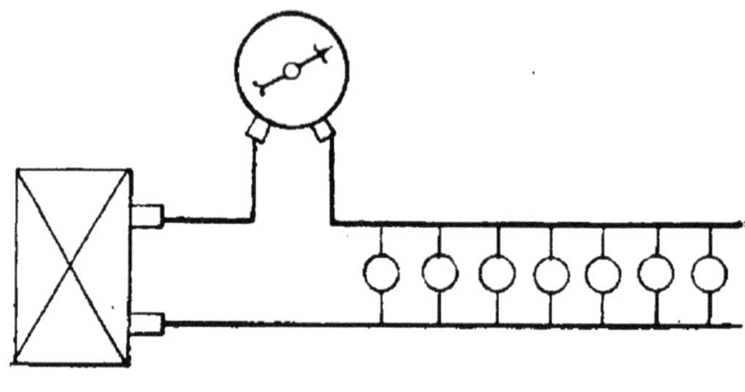

Fig. 45.

ment le conducteur d'aller et le conducteur de retour. —
On place l'ampère-mètre, de manière à pouvoir facilement
en observer l'échelle en maniant le régulateur. Au repos,
l'aiguille doit indiquer le zéro de l'échelle. — Quand l'appareil est monté contre un mur humide, on se sert de couches isolantes, ou, mieux encore, on place sur les vis des
bouts de tube assez courts, de telle sorte qu'il y ait un espace libre entre l'appareil et le mur. — Quand les pôles de
l'appareil sont désignés par $+$ et $-$, on se conforme aux
mêmes règles que pour les lampes à arc, en ce qui concerne
la manière de mettre en circuit (voir 40), c'est-à-dire que
l'on rattache le pôle $+$ de l'appareil au conducteur qui vient
du pôle $+$ de la dynamo, et le pôle $-$ de l'appareil au conducteur qui communique avec le pôle $-$ de cette dynamo.
Quand les pôles de l'ampère-mètre ne sont pas désignés, la
direction du courant est indifférente pour la manière de
mettre l'instrument en circuit.

54. **Volt-mètre.** Cet appareil indiquant les unités de ten-

sion sert à contrôler la tension aux pôles de la machine et aux pôles des lampes. Pour les établissements éclairés par la lumière à incandescence, par des lampes à arc montées en quantité (voir 40, *b, c* et *d*) et par le système mixte, le voltmètre est indispensable, car on règle la dynamo de telle sorte que la tension aux bornes soit constante. Quand on a des lampes à arc montées en tension (voir 40, *a*), il n'est pas très utile de se servir d'un volt-mètre.

Le volt-mètre est généralement placé en dérivation aux pôles de la machine. La figure 46 indique la place qu'il oc-

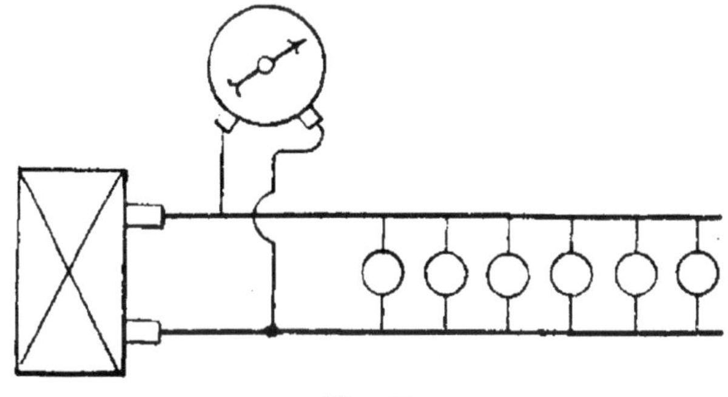

Fig. 46.

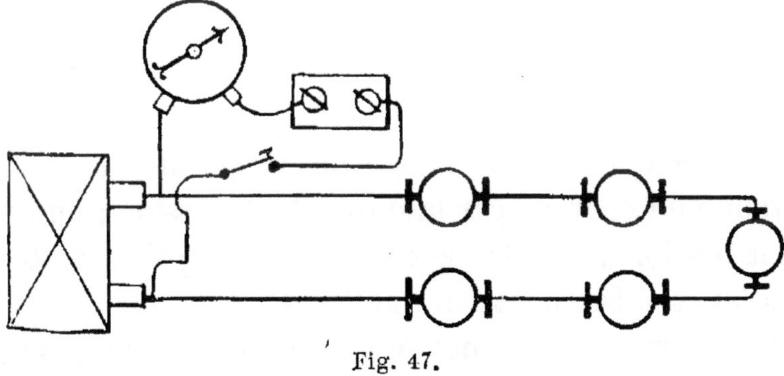

Fig. 47.

cupe sur les dynamos pour lampes à incandescence et sur les dynamos pour éclairage mixte. L'appareil est ici relié au circuit comme une lampe à incandescence. Dans les établissements où la machine est placée à une grande distance des locaux à éclairer, il est quelquefois nécessaire de contrôler la tension aux pôles des lampes ; dans ce cas, on prend deux conducteurs minces isolés et on les conduit du réseau de distribution au local des machines, pour les y relier au volt-mètre. La figure 47 représente la manière dont le volt-mètre est relié aux dynamos, quand on a des lampes à arc montées en série ; alors pour les machines à haute tension, on a une boîte à bobines de maillechort montées derrière l'appareil. Dans ce dernier cas il est nécessaire d'adapter un petit interrupteur dans l'enroulement en dérivation qui mène à l'appareil, afin de ne mettre ce dernier en circuit que momentanément et de prévenir ainsi un échauffement des bobines, qui compromettrait les indications de l'appareil.

Quant aux autres règles pour le montage du volt-mètre, je renvoie aux indications que j'ai données à propos de l'ampère-mètre (53, dernier alinéa).

55. Compteur d'électricité. Cet appareil sert à mesurer la dépense d'électricité, comme les compteurs d'eau et de gaz servent à mesurer la quantité d'eau, de gaz débitée. Le compteur d'électricité sert à déterminer le travail fourni par le courant, soit sur la machine, soit dans une certaine partie du circuit ; c'est surtout dans les stations centrales qu'on l'emploie pour ce dernier usage. La quantité de travail déterminée par le compteur d'électricité s'exprime en ampère-heures, c'est-à-dire que le travail est égal au produit de l'intensité moyenne du courant par la durée de l'émission ; on suppose que la tension aux pôles soit constante, ce qui a lieu toujours dans les établissements en question.

Pour la manière de mettre en circuit le compteur d'électricité, mêmes règles que pour l'ampère-mètre (voir 58). On insère le compteur d'électricité sur le courant principal, et, si le courant se bifurque, sur le conducteur secondaire où le travail doit être mesuré. Pour la manière de manier cet appareil, je renvoie aux règles données par les fabricants.

56. Signaux d'alarme. Ces appareils s'emploient exclusivement dans les établissements d'éclairage par incandes-cence ; ils s'adressent à la vue ou à l'ouïe du mécanicien pour le prévenir quand il se passe quelque chose d'anormal. L'ap-pareil fonctionne quand la tension de la machine dépasse une certaine limite ou reste au-dessous de la hauteur normale. Ces appareils s'insèrent parallèlement aux bornes des dynamos : on n'a qu'à suivre les règles indiquées pour l'ampère-mètre (voir 54).

57. Appareil pour essayer si l'isolement par rapport à la terre est bon. On ne saurait trop recommander l'emploi de cet appareil, qui sert à indiquer la communication avec la terre dans les établissements d'éclairage par incandescence. Ces appareils ont trois pôles : deux d'entre eux se rattachent aux deux conducteurs principaux, comme les pôles du volt-mètre (voir 54); le troisième reçoit un fil relié à la terre. On peut construire ces appareils de façons très diverses. L'appareil construit par le professeur-docteur A. Weinhold est très simple et suffit dans la plupart des cas ; en voici la description :

On met en série et on relie au conducteur principal deux lampes à incandescence égales entre elles et de même tension (fig. 48) ; ces lampes sont pareilles à celles qui servent pour

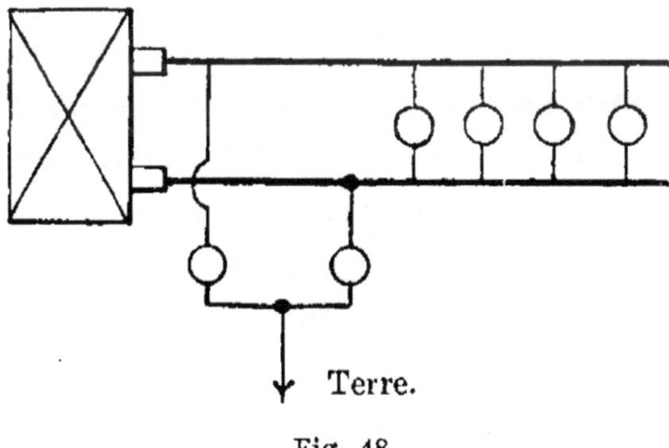

Fig. 48.

l'éclairage. On relie à la terre le pôle du milieu, commun aux deux lampes; pour cela, le procédé le plus simple est d'attacher le fil à la conduite de gaz ou d'eau la plus proche. Il faut que l'une au moins des deux lampes soit munie d'un interrupteur. — Voici comment fonctionne l'appareil :

Si le conducteur n'est pas relié à la terre, les deux lampes brûlent aussi faiblement l'une que l'autre ; quand au contraire l'un des deux conducteurs est relié à la terre, la lampe placée sur lui brûle plus faiblement ou ne brûle pas du tout, selon qu'il y a plus ou moins de résistance, tandis que l'autre lampe éclaire davantage. Quand, au contraire, les conducteurs sont reliés tous les deux à la terre et que des deux côtés la résistance est égale, les lampes éclairent aussi peu l'une que l'autre. Pour opérer un contrôle à cet égard, il est nécessaire de mettre hors circuit l'une des lampes. Si la seconde continue à brûler, cela prouve que le défaut en question existe : si, quand on met une des lampes hors circuit, l'autre s'éteint en même temps, c'est que le conducteur est en bon état. Ce dernier cas peut se présenter quand un grand nombre de lampes, ayant une tension égale à la moitié de celles du circuit, sont insérées de la façon indiquée par la figure 34 et que le conducteur $x\,y$ communique avec la terre. On monte cet appareil dans la chambre des machines, à un endroit où les deux lampes soient bien en évidence, de telle sorte qu'on remarque immédiatement l'inégalité de combustion.

58. Interrupteur. Dans tout établissement d'éclairage, on a besoin d'un ou de plusieurs interrupteurs pour ouvrir et interrompre le courant ; il faut qu'il y en ait toujours un sur la machine ou à son voisinage, dans un endroit facilement accessible. Pendant la marche on se servira ou on ne se servira pas du commutateur, selon les cas ; en travaillant avec de grandes intensités et de grandes tensions, on ne l'emploiera que si on y est absolument forcé.

On peut en général se passer d'interrupteur sur les machines pour les lampes à arc montées en série (fig. 49), quand il y a un régulateur de courant (voir 50), dont la manivelle puisse servir en même temps à mettre hors circuit. Il est même préférable d'employer le régulateur de cette manière, pour pouvoir diminuer l'intensité du courant en insérant préalablement de la résistance, quand on met hors circuit pendant la marche.

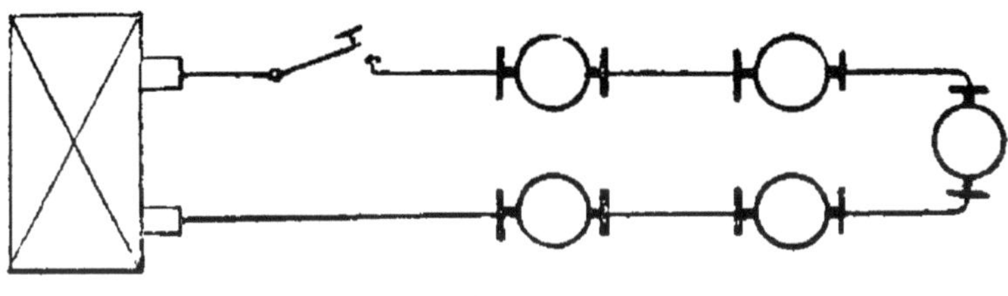

Fig. 49.

Dans les établissements où l'on éclaire au moyen de lampes à incandescence, il faut généralement mettre hors circuit le conducteur principal et quelquefois des conducteurs secondaires ; la figure 50 représente la disposition de l'interrupteur

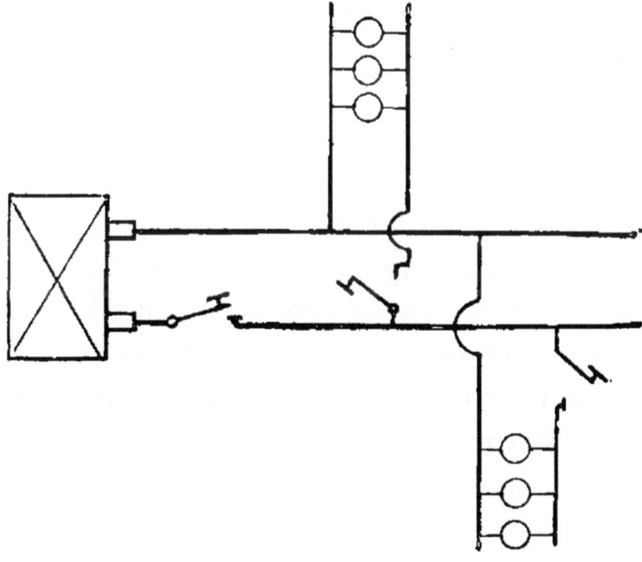

Fig. 50.

pour ce cas. Ici, on monte, s'il est possible, tous les interrupteurs sur un même conducteur, que ce soit le positif ou le négatif ; en plaçant alors les fils de sûreté (voir 62) sur l'autre conducteur, on a, — lorsqu'il devient nécessaire plus tard de vérifier l'état du conducteur, — l'avantage de pouvoir séparer sans difficulté les divers circuits, un à un, du conducteur principal. Quand il y a plusieurs machines montées en arc parallèle (voir 26), on place un interrupteur sur chacune d'elles, tandis que le conducteur principal n'en a pas. Quand on se sert de machines ayant environ 100 volts de tension aux bornes, 40 ampères représentent l'intensité que l'on ne peut dépasser pour interrompre le circuit pendant la marche au moyen de la manivelle de l'interrupteur ordinaire ; pour les intensités plus grandes, il faut se servir d'interrupteurs mieux construits. On diminue à dessein la charge des interrupteurs montés sur le réseau conducteur, en ramifiant le courant.

A l'égard des conditions locales, il faut encore tenir compte des observations suivantes :

Les interrupteurs, pour les divers courants, doivent être mis aux endroits où l'on désire mettre des lampes hors circuit, autant que possible à l'entrée du local et à une hauteur qui permette de manier facilement l'appareil. Quand on ne peut se dispenser de mettre des interrupteurs dans les locaux humides, il faut apporter un soin spécial à leur montage. Pour fixer des interrupteurs contre des murs imprégnés d'humidité, on interpose des corps isolants. Dans les locaux très humides et en plein air, on place les interrupteurs dans des boîtes protectrices (fig. 51) en tôle épaisse ; lorsque les conducteurs doivent entrer par des entonnoirs de porcelaine, on les recourbe par en bas en *a* (fig. 51) avant de les y faire rentrer, afin de donner ainsi un écoulement à l'eau qui se rassemble sur le conducteur. — Quand on doit monter des interrupteurs dans des locaux sujets à incendie, par exemple dans des greniers, on observe certaines précautions, car les interrupteurs s'échauffent lorsque le contact est défectueux et peuvent brûler le plancher. Les appareils dont les pièces de contact ne sont pas montées sur des matériaux combustibles ne doivent pas être employés sans interposition de corps réfractaire ; ce qu'il y a de plus sûr, c'est de les monter dans le mur de la construction. — Les conducteurs ne doi-

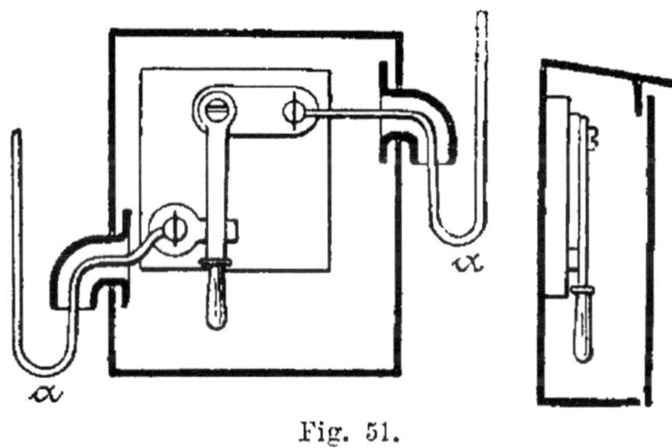

Fig. 51.

vent pas être montés dans les locaux où s'accumulent des gaz explosibles ; il n'est même pas prudent d'y employer des lampes dont les montures soient à interrupteur. Quand les interrupteurs sont nécessaires, on les met dans les locaux voisins non incendiables : généralement on aura pour ces locaux un conducteur spécial muni d'un interrupteur, dans le local des machines. Voici encore quelques détails : ceux-ci sont relatifs à la construction des interrupteurs :

Les appareils les plus commodes sont ceux dont les pièces de contact sont visibles de l'extérieur, de telle sorte qu'on puisse toujours s'assurer du bon état des contacts et voir si la manivelle de l'interrupteur est bien placée. Si, pour d'autres motifs, par exemple dans les locaux somptueux, on se sert d'interrupteurs dans lesquels ces parties ne soient pas visibles, les appareils doivent toujours être construits de manière à ne permettre que deux positions des surfaces de contact, ces positions correspondant à l'ouverture et à la fermeture du circuit.

Il est de règle d'amener aussi rapidement que possible la

manivelle à la position finale, quand on met en circuit et surtout quand on met hors circuit. De cette façon les étincelles sont moins considérables.

Il faut vérifier souvent et minutieusement tous les interrupteurs qui se trouvent dans un établissement ; les pièces de contact doivent être toujours bien décapées et faire ressort énergiquement l'une contre l'autre.

59. Commutateur. Cet appareil sert à relier alternativement, soit une source de courants avec divers circuits, soit inversement un circuit avec diverses sources de courants. La figure 52 représente un commutateur pour deux circuits. Je ferai observer que l'appareil servant à insérer la résistance de rechange décrite plus haut (52) consiste en un commutateur de ce genre. Un commutateur pour deux circuits (fig. 52) possède trois bornes. La borne a, destinée à recevoir le conducteur A, est reliée au point de rotation de la manivelle ; les deux autres bornes x et y qui se trouvent sur les deux pièces de contact reçoivent les conducteurs allant aux conducteurs X et Y ; ces derniers se réunissent en b pour former le conducteur principal commun B. Selon que la manivelle repose sur la pièce de contact x ou y, le conducteur X ou le conducteur Y se trouve inséré dans le circuit. Pour ce qui concerne la manipulation, je renvoie aux règles que j'ai données plus haut (58, dernier alinéa) à propos de l'interrupteur.

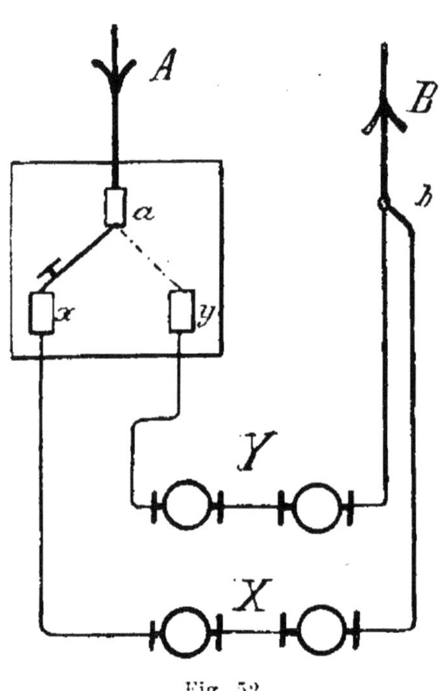

Fig. 52.

60. Inverseur de courant. Pour changer de temps en temps la direction du courant dans le circuit, on se sert de l'inverseur. Cet appareil (fig. 53) se compose de deux com-

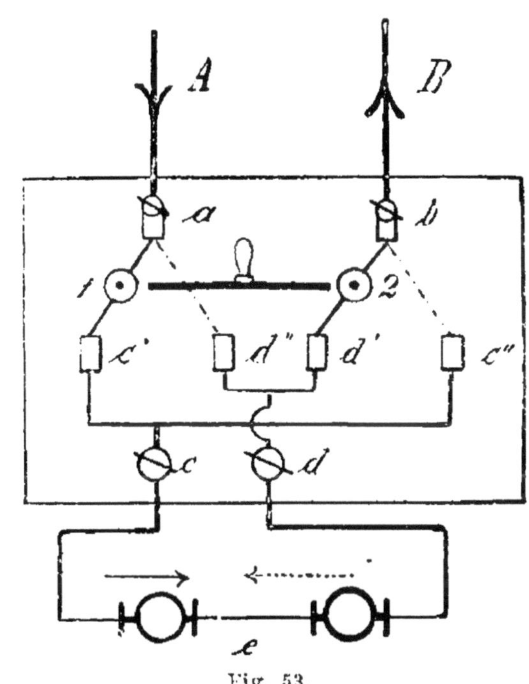

Fig. 53.

mutateurs placés l'un près de l'autre, dont les manivelles 1 et 2 peuvent être mues ensemble au moyen d'une pièce qui les réunit.

Les bornes *a* et *b* sont reliées aux conducteurs A et B allant à la machine et aux points de rotation de la manivelle : les bornes *c* et *d* qui se rattachent aux pièces de contact servent à recevoir les conducteurs allant au circuit. Voici le trajet du courant : quand les manivelles sont dans la direction indiquée, *a c* — *b d*, le courant se dirige par *a c* — *c e d* — *d b* ; quand au contraire les manivelles sont dans les directions indiquées par les lignes ponctuées *a d"* — *b c"*, le courant dans le circuit extérieur *c e d* suit la direction opposée : *a d"* — *d e c* — *c" b*. Pour ce qui concerne la manipulation de cet appareil qu'on emploie très rarement, on se conformera aux règles données plus haut (58, dernier paragraphe), à propos de l'interrupteur.

61. Commutateur général. Au moyen de cet appareil, on peut, dans les établissements où il y a plusieurs machines et plusieurs circuits, relier à volonté chaque machine avec chaque circuit ; il va de soi que les machines ou les circuits de même nature sont les seuls qui puissent se remplacer les uns par les autres.

Les appareils dont on se sert dans les établissements à lampes à arc montées en série se composent généralement (fig. 54) de lames de laiton croisées les unes au-dessus des autres, et isolées les unes par rapport aux autres ; chacune des lames supérieures peut être reliée à la lame située immédiatement au-dessous, au moyen d'une clé que l'on passe dans le trou qui se trouve pratiqué au point de croisement. Le nombre des lames dans l'une des couches, par exemple dans la couche inférieure, correspond au nombre des machines ; le nombre des lames dans l'autre couche correspond au nombre des circuits. La figure 54 représente schématiquement un commutateur général pour trois machines et trois circuits ; les conducteurs venant des machines aboutissent en *a, b, c;* les conducteurs allant au circuit reposent en *1, 2, 3.* Il est de règle générale de ne mettre qu'une clé dans chaque lamelle. Lorsque les machines ne possèdent pas de conducteur de retour commun, ce qui a lieu généralement, il faut employer deux appareils de ce genre (fig. 55), en ayant soin de faire en sorte que des deux côtés les clés se trouvent dans les lamelles numérotées de la même façon. Dans les cas spéciaux (fig. 56), on peut se servir d'un seul commutateur général ; il y a

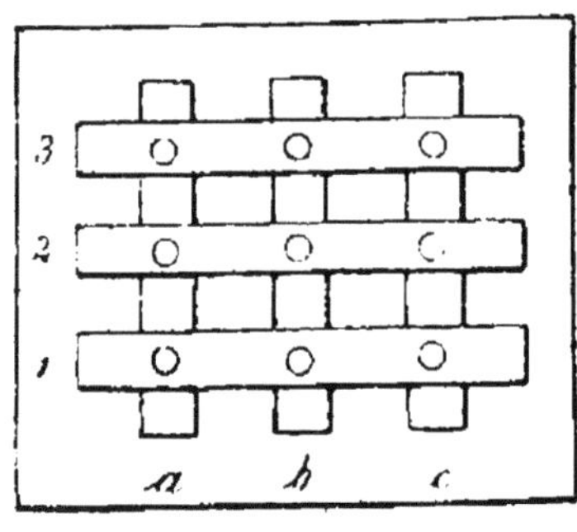

Fig. 54.

alors un conducteur de retour, commun à toutes les machines.

Les commutateurs généraux pour établissements à lampes
à incandescence et pour les installations de lampes à arc
montées en quantité (voir 40 *b*, *c* et *d*) exigent une autre
construction, parce que l'intensité des courants employés

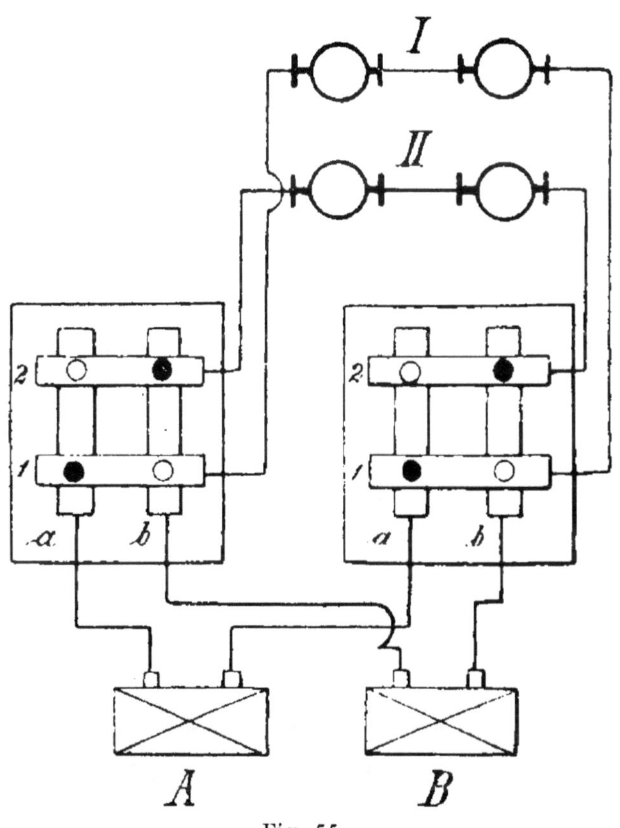

Fig. 55.

dans ces cas est plus grande ; ils se composent généralement
de commutateurs (voir 59) dont les manivelles sont réunies
deux à deux par une traverse, ce qui permet d'opérer la
commutation simultanément aux deux pôles. Pour mettre
en circuit, on opère selon l'esquisse de la figure 55 ; on n'a
qu'à imaginer, par exemple, que les lames *1* et *2* sont
remplacées chacune par un pivot pour les leviers, et les

lames a et b par les blocs du contact correspondants. Quand on se sert d'un commutateur général, on divise le réseau conducteur, dans le local des machines, en un nombre de bifurcations déterminé par les conditions locales ; ces conducteurs secondaires peuvent être réunis, selon les besoins, aux diverses machines. — En installant un commu-

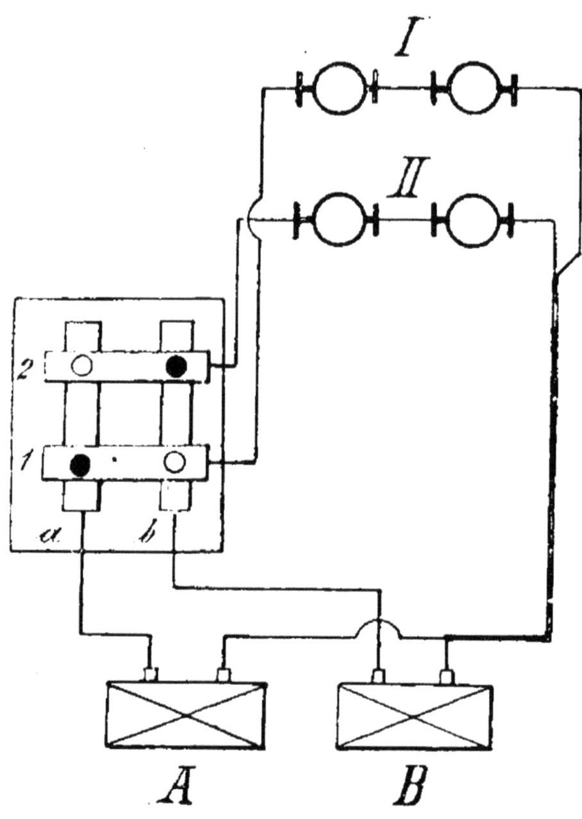

Fig. 56.

tateur général dans les petits établissements, on atteint le même but qu'en montant des machines en arc parallèle (voir 26) ; dans les établissements qui ont deux ou trois machines, on préfère d'ordinaire se servir d'un commutateur général, car alors on peut confier le service de l'établissement à des personnes moins expérimentées.

Le commutateur général se place dans le local des machines, habituellement contre le mur ; on ne doit le manœuvrer pendant le service que dans des cas particuliers : encore ce soin doit-il être confié à des personnes bien expérimentées. Il faut nettoyer souvent l'appareil au moyen d'un pinceau ; il faut que les surfaces de contact conservent leur éclat métallique bien pur ; il faut polir souvent le commutateur au moyen d'un chiffon enduit d'émeri fin.

62. Appareil de sûreté. Indispensable dans les établissements à éclairage par incandescence et dans les établissements d'éclairage par lampes à arc montées en quantité, il sert à interrompre le courant dans les conducteurs, quand ce courant est trop fort, par la fusion d'un fil de plomb ou de tout autre alliage facilement fusible, intercalé ; il empêche ainsi le conducteur de devenir incandescent. Les dimensions du fil de sûreté doivent être choisies telles qu'ils fondent avant que le conducteur en fil de cuivre ne soit trop échauffé par le courant qui le traverse. Le diamètre de ce fil

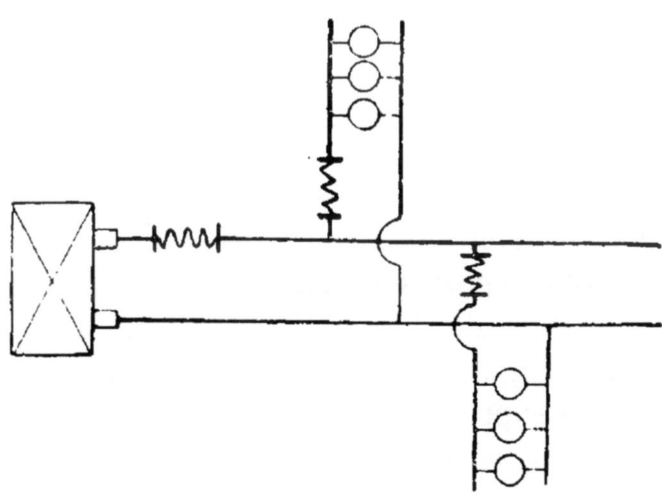

Fig. 57.

dépend donc généralement du diamètre du conducteur qui se trouve en arrière, et non du nombre des lampes qui y sont rattachées. En général, on se sert d'autant de numéros de fils de sûreté qu'il y a de différents diamètres de fil dans ce conducteur.

Ces appareils s'adaptent, comme le montre la figure 57, au point de bifurcation des conducteurs à protéger ; on les place aux endroits facilement accessibles, afin de permettre le changement des fils de sûreté, quand ils sont détruits ; on les applique contre le mur, à une hauteur telle qu'on puisse facilement les atteindre en se servant d'une chaise ou d'un escabeau. En général, on fera en sorte que tous les appareils de sûreté se trouvent sur un même conducteur : sur

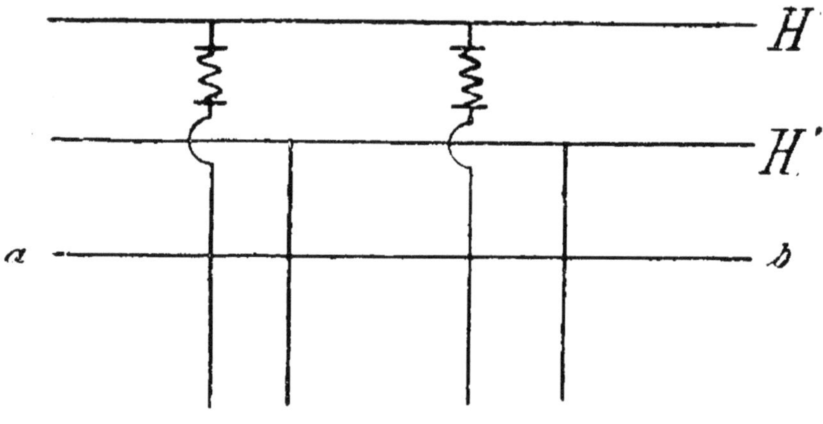

Fig. 58.

le conducteur positif ou sur le conducteur négatif ; il serait défectueux d'adapter ces appareils sur des conducteurs différents. Les esquisses ci-jointes expliquent très simplement ce qui précède. La figure 58 montre la disposition convenable ; la figure 59, au contraire, montre la disposition défectueuse. A supposer qu'un tuyau de gaz ou qu'une autre pièce métallique ab produise un court circuit dans le conducteur, le courant, dans le premier cas (fig. 58), passera toujours dans un des appareils de sûreté, en se rendant de l'un des conducteurs principaux, H, à l'autre H' ; la communication défectueuse se trouvera ainsi interrompue. Dans le second cas (fig. 59), au contraire, le courant passe sans entrave par $v\,x\,y\,z$ et porte les conducteurs à l'incandescence, sans être interrompu par un fil de sûreté.

Dans les grands établissements, où souvent il n'est pas possible de surveiller les conducteurs, on intercale des ap-

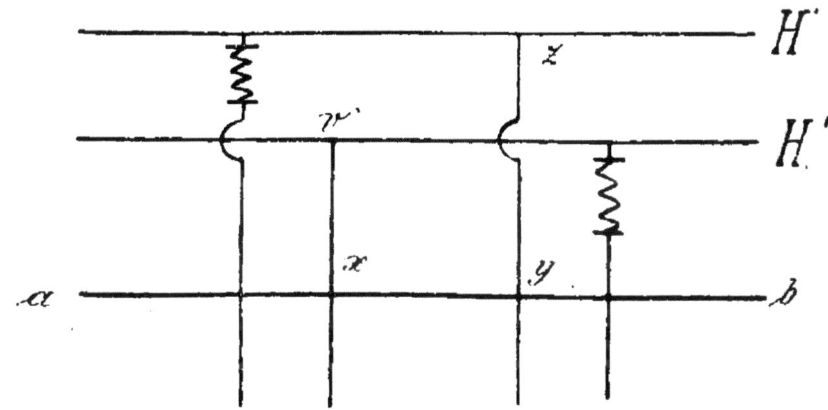

Fig. 59.

pareils de sûreté, généralement bipolaires, comme on dit, sur les deux conducteurs ; cette disposition offre l'avantage de permettre de séparer le conducteur principal des divers embranchements, quand il s'agit d'opérer les recherches.

Voici les règles relatives à la manière de distribuer les appareils de sûreté dans le réseau conducteur :

On pose un appareil sur le conducteur principal en un point situé dans le local des machines ; lorsque dans ce local même le conducteur se divise en plusieurs embranchements, cette circonstance est encore plus favorable, car alors on peut mettre un appareil spécial sur chacun d'eux. En outre, tous les embranchements doivent être munis d'appareils de sûreté ainsi que les endroits d'où part un conducteur de moindre section.

Dans les établissements éclairés par la lumière électrique, chaque conducteur de lampes doit-il être muni d'un appareil spécial ? Cela dépend des circonstances locales. En tous cas, les conducteurs qui peuvent être facilement endommagés doivent être protégés à part. Quand les divers conducteurs de lampes n'ont pas chacun un appareil particulier, on divise les lampes en groupes ne comprenant pas plus de dix pièces, s'il est possible, et l'on donne à chaque groupe un appareil de sûreté; le diamètre du fil conducteur doit être tel que ce fil protège contre un échauffement exagéré le conducteur le plus faible qui se trouve dans le groupe. Il faut toujours qu'il y ait, dans chaque local, des lampes appartenant à plusieurs de ces groupes afin que, quand on éteint les lampes d'un groupe, l'obscurité ne se produise pas instantanément.

A l'égard des conditions locales, le montage des appareils de sûreté s'opère d'après les mêmes principes que le montage des interrupteurs. Je vais mentionner brièvement les points à observer. Pour les détails, je renvoie aux recommandations que j'ai faites à propos du maniement des interrupteurs (fig. 58). Il faut éviter, autant que possible, de placer les appareils dans des locaux humides; si l'on est forcé de les y placer, il faut prendre les précautions nécessaires pour empêcher l'humidité de pénétrer dans l'appareil. — On ne doit monter les appareils de sûreté dans les locaux courant des risques d'incendie, les greniers, etc., qu'en observant des précautions spéciales. — Dans les locaux où s'accumulent des gaz explosibles, il ne faut pas d'appareils de ce genre.

En ce qui concerne la construction des appareils de sûreté, il faudra surtout vérifier si le fil est entouré d'une substance réfractaire et si la matière fondue ne se trouvera pas en contact avec des objets combustibles. En outre, on doit pouvoir remplacer facilement un fil; il est généralement nécessaire pour cela d'interrompre le circuit correspondant. Les contacts avec l'appareil de sûreté même et avec les fils conducteurs doivent être établis très solidement.

Pour ce qui est des fils fusibles, je renvoie aux instructions données par les fabricants, d'autant plus que les dimensions des fils en question dépendent de la matière et de la construction de l'appareil. Je donne plus loin les règles générales pour les dimensions à donner au fil de plomb. On peut estimer que les fils de plomb de petit diamètre, jusqu'à un millimètre, peuvent supporter au maximum une tension de 8 ampères par millimètre carré; les fils de plus grand diamètre peuvent supporter 5 et 6 ampères pour la même section. La longueur du fil de plomb ne doit pas être inférieure à 30 millimètres. En se guidant sur ces règles, on trouve les nombres suivants :

Diamètre du fil de cuivre à protéger. Millimètres.	Diamètre du fil de plomb. Millimètres.
1	0,8
2	1,5
3	2,0
4	3,0
5	Deux fils parallèles, de 3,0

Quand on emploie de plus gros conducteurs de cuivre, on préfère plusieurs fils de plomb de plus faible diamètre, montés parallèlement.

Quand les conducteurs de lampes formés de fils d'un millimètre ne sont pas munis d'appareils de sûreté spéciaux, il faut, je l'ai déjà dit, que le fil fusible, adapté en avant de l'embranchement formé de fils de deux millimètres, ait un diamètre suffisant pour protéger contre l'échauffement exagéré le fil de cuivre d'un millimètre. Dans ce cas, le fil fusible doit avoir la section la plus faible possible. Voici comment on la détermine pour un fil de plomb : lorsqu'un fil de cuivre de deux millimètres de diamètre et de 3,14 millimètres carrés de section doit supporter le maximum de tension qui est de 3 ampères par millimètre carré (voir 82), l'intensité du courant est de $3 \times 3,14 = 9,42$ ampères. Si l'on estime que le fil de plomb puisse supporter une tension de 8 ampères par millimètre carré, on trouve, pour la section de ce fil, $\dfrac{9,42}{8} =$

1,18 millimètre carré. On donne donc au fil de plomb un diamètre de 1,3 millimètre.

Voici les règles pour la manipulation des appareils de sûreté :

Quand le fil est fondu, on commence par remédier au défaut du conducteur avant de remplacer le fil fusible. Il peut arriver que des fils fusibles soient détruits sans qu'il y ait de défaut dans le conducteur ; c'est qu'ils n'ont pas le diamètre voulu ou qu'ils sont placés où il ne faut pas. On peut donc essayer d'installer aussitôt un fil d'un diamètre convenable ; si ce fil fond comme l'autre, il faut alors vérifier à fond l'état du conducteur. — Pour remplacer un fil fusible, pendant la marche, on interrompt le circuit si c'est possible, on remplace le fil détruit, et l'on remet l'appareil de sûreté dans son état primitif : par exemple en l'entourant d'une enveloppe. — Il ne faut jamais remplacer un fil fusible détruit par un fil de mauvaises dimensions ou par un fil de cuivre ; ce ne serait plus un appareil de sûreté, et, s'il y avait un défaut dans les conducteurs, ceux-ci deviendraient incandescents. — Les surfaces de contact, dans les appareils de sûreté, doivent toujours être tenues propres ; il est surtout nécessaire de nettoyer souvent les appareils montés dans des locaux humides.

Quand le montage est terminé, si l'on veut s'assurer du bon fonctionnement des appareils de sûreté, on détermine exprès un court circuit dans les divers embranchements un à un, et l'on observe si le fil fusible se détruit avant que le conducteur de cuivre qui s'y rattache ne s'échauffe d'une façon exagérée. Il faut procéder avec des précautions particulières, car, lorsqu'il y a interruption subite du courant qui alimente de grands groupes de lampes, ce qui se produit par la fusion des fils dans les appareils de sûreté, la vitesse de la machine augmente ; il peut alors arriver que les autres lampes brûlent trop vite et se détériorent. Il faut dire encore que les personnes expérimentées dans l'installation des conducteurs n'auront pas à opérer de recherches de ce genre.

63. **Paratonnerres pour conducteurs électriques.** Pour protéger de longs conducteurs situés en plein air et les bâtiments attenants, il faut toujours des paratonnerres ; lorsque les conducteurs sont dominés par de hauts bâtiments munis eux-mêmes de paratonnerres ou couverts de toits métalliques, on peut se dispenser de ces appareils. La figure 60 représente

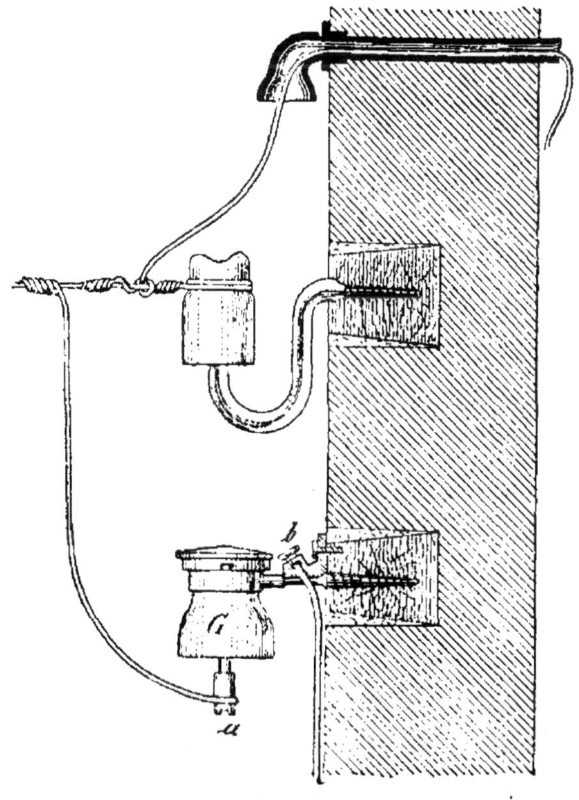

Fig. 60.

le paratonnerre à tige, de Siemens et Halske ; il se compose d'un isoloir en ébonite G ; à l'intérieur se trouve l'appareil protecteur. L'isoloir est adapté avant l'endroit où les conducteurs entrent dans les bâtiments. Un fil de cuivre, soudé au conducteur et n'ayant pas moins de 3 millimètres de diamètre, est relié à la vis de contact a qui fait saillie hors de la cloche par en bas ; le contact b est destiné à recevoir la dérivation à la terre. On relie à ce dernier contact, *b*, un fil de cuivre de 4 millimètres de diamètre ou une corde de fil métallique, formée de 3 à 5 fils de cuivre de 2 millimètres de diamètre, puis l'on soude solidement cette corde en dehors du sol à un conducteur en fil de fer. Le conducteur en fil de fer, dont l'autre bout se rattache à la plaque de terre, a un diamètre double au moins de celui du fil de cuivre relié à lui; on le compose en enroulant ensemble plusieurs gros fils de fer galvanisés. Pour deux ou plusieurs conduites de paratonnerres placées les unes à côté des autres, on se sert d'une commune dérivation à la terre ; on relie dans ce cas les contacts *b* par un fil de cuivre et l'on rattache à ce fil la dérivation à la terre ; le milieu des appareils est l'endroit qui convient le mieux pour cela.

La dérivation à la terre pour les conduites des paratonnerres doit toujours être construite spécialement pour cet usage ; il n'est pas prudent, par exemple, de se servir de la dérivation d'un paratonnerre de bâtiment, et même on aura soin de placer les conducteurs électriques aussi loin que possible des paratonnerres du bâtiment. Ordinairement on prendra comme plaque de terre une plaque en fer de 5 millimètres d'épaisseur environ et dont chaque face représente un mètre carré. La plaque de terre doit être solidement soudée au conducteur que j'ai déjà mentionné plus haut et qui se compose de plusieurs fils de fer amalgamés. A cet effet, on pratique des trous dans la plaque de terre (figure 61) en deux points *a* et *b*, éloignés l'un de l'autre de 10 centimètres environ, et par ces trous on fait passer le conducteur en fil de fer, après avoir préalablement décapé la plaque de terre entre les points *a* et *b*. On fait alors passer le conducteur autour de la plaque de terre, munie en *d* d'une entaille, et en *c* on attache l'autre bout du fil au conducteur.

Ensuite, on soude les parties comprises entre *a* et *b* ; on soude aussi en *c*. Quand les plaques de terre ont de plus grandes

dimensions, comme dans la figure 62, on les plie au milieu ;
on divise alors en deux parties, au point *c*, le conducteur, et
on l'attache des deux côtés de la plaque, comme je viens de
le décrire. On enfouit la plaque de terre dans le sol avec une

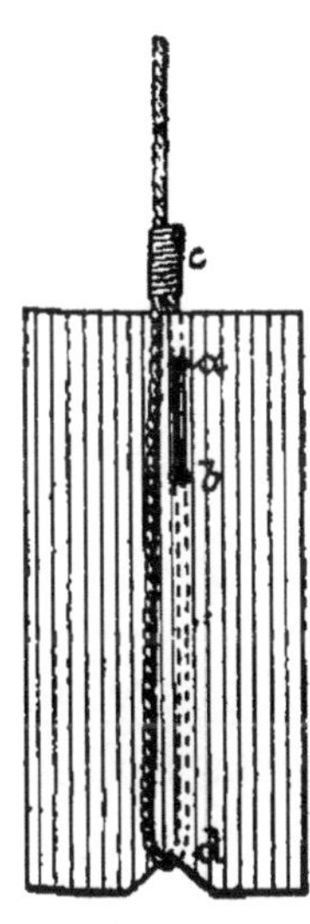

Fig. 61.

longueur suffisante de fils de
fer ; la plaque doit être mise
en un endroit toujours humide :
au besoin on la descend jusque
dans un terrain humecté par
les eaux souterraines, même
pendant la saison sèche. Quand,
au voisinage, il y a des eaux
qui ne tarissent jamais, on
plonge la plaque de terre dans
ces eaux. Pour protéger le conducteur en dehors du sol, il
faut le loger dans une boîte
d'une hauteur suffisante ; dans

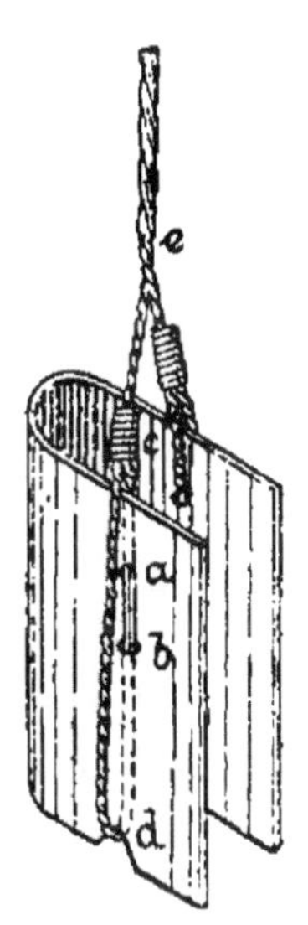

Fig. 62.

cette boîte doit se trouver aussi, pour être à l'abri de l'humidité, le point de jonction entre le conducteur du fer et le
conducteur de cuivre.

Voici les règles à suivre pour entretenir les conducteurs
de paratonnerres : il peut y avoir fusion entre les plaques
de l'appareil protecteur sous l'influence des étincelles qui jail-
lissent entre elles ; il peut se produire des dépôts sous l'action de décharges même très faibles. Les conducteurs peuvent
se trouver alors en circuit avec la terre. — Il faut donc
examiner de temps en temps le système des conducteurs,
surtout après les forts orages, et nettoyer s'il est nécessaire.

64. Tachymètre. Cet appareil sert à contrôler le nombre
de tours de la machine ; on lit ce nombre directement sur un
cadran. La meilleure manière de relier le tachymètre à la
machine électrique, c'est de passer une petite courroie sur
l'un des bouts de cette machine. Cette courroie doit être,

autant que possible, adaptée sur le côté de la poulie motrice de la dynamo, car alors l'espace libre autour de celle-ci est moins diminué. Le tachymètre doit être installé de telle sorte que l'on puisse voir de quelque distance la position de l'aiguille ; quand la dynamo se trouve près d'un mur, on fixe l'appareil sur une console qui se trouve à peu près à un mètre de hauteur. Pour ce qui concerne la manipulation, je renvoie aux instructions que les fabricants livrent toujours avec les appareils.

Conducteurs.

CONDUCTEURS APPARENTS.

65. Substances conductrices. On ne se sert guère que de fils de cuivre décapés ; en règle générale, le corps isolant est l'air atmosphérique lui-même, car l'isolement d'un conducteur est inversement proportionnel au nombre des points de contact avec des corps solides.

66. Appareils isolants. Les conducteurs apparents sont presque toujours fixés sur des cloches isolantes. Selon que le conducteur est posé en ligne droite ou en courbe, le fil métallique se pose sur la tête de l'isoloir ou en contre-bas sur la partie concave ; dans ces derniers cas il est placé de telle sorte que, dans les courbes, la traction latérale du conducteur agisse seulement sur l'isoloir et que le fil métallique servant à fixer le conducteur à la cloche isolante ne subisse pas de traction latérale. Pour attacher aux isoloirs les fils métalliques servant de liens, on procède de la manière suivante.

Ligature supérieure. On la fait au moyen de deux fils de fer galvanisé des 1,5 à 2 millimètres de diamètre et de 50 centimètres de longueur. On les passe autour de l'étranglement de l'isoloir en laissant, au-dessus, des bouts inégaux (fig. 63 *a*) et on tord ces fils comme l'indique la fig. 63 *b*.

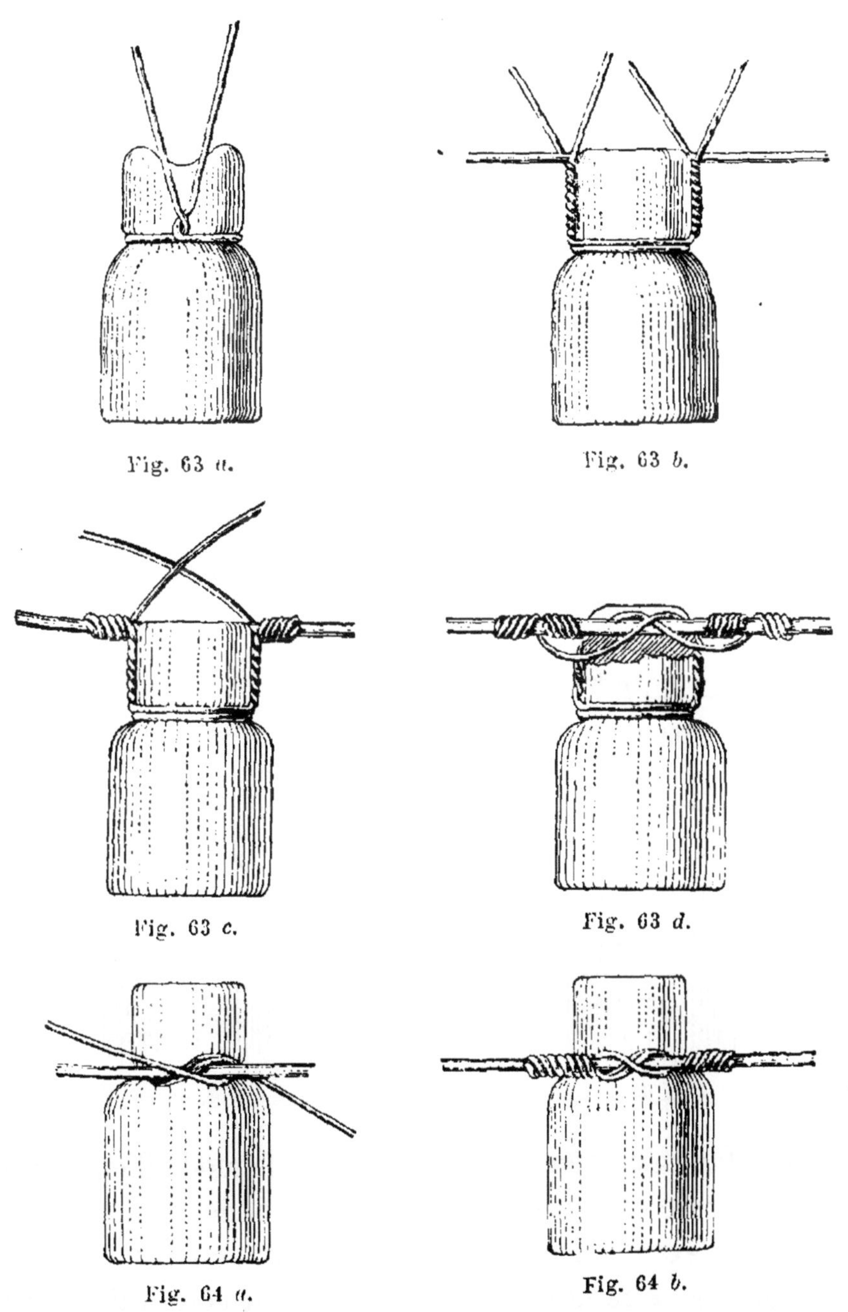

Fig. 63 *a*.

Fig. 63 *b*.

Fig. 63 *c*.

Fig. 63 *d*.

Fig. 64 *a*.

Fig. 64 *b*.

On enroule les bouts courts autour du conducteur (fig. 63 *c*) :
quant aux longs bouts, on les croise par-dessus la tête de

l'isoloir et on les enroule aussi autour du conducteur (fig. 63 *d*).

Ligature latérale. On applique sur les conducteurs le milieu d'un lien de 70 centimètres de longueur, puis on les replie une fois de chaque côté autour de l'étranglement de l'isoloir et on les croise au-dessus du conducteur (fig. 64 *a*); ensuite on les enroule autour du conducteur, comme l'indique la figure 64 *b*. La figure 64 *c* est une vue latérale de la ligature.

L'administration des télégraphes bavarois emploie la

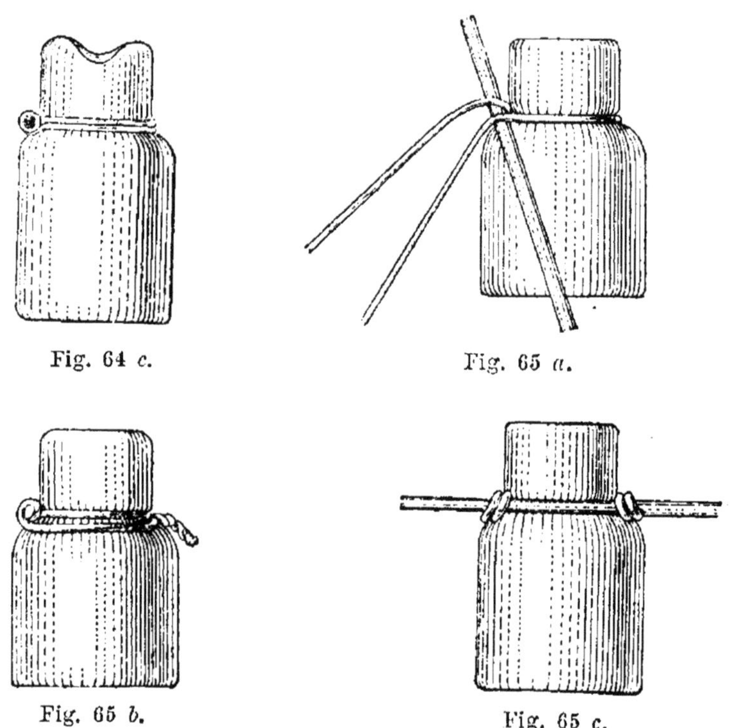

Fig. 64 *c.*   Fig. 65 *a.*

Fig. 65 *b.*   Fig. 65 *c.*

ligature latérale, même en ligne droite; le mode d'emploi de cette ligature extrêmement simple et solide vaut la peine que nous l'examinions ici. En ligne droite, on place le conducteur sur l'étranglement de l'isoloir, du côté qui regarde le support, de sorte que, si le lien vient à casser, le conducteur soit maintenu par le support; dans les courbes, on observe la règle mentionnée plus haut, d'après laquelle la traction latérale du conducteur doit être supportée par l'étranglement de l'isoloir. On applique le lien (fig. 65 *a*) en son milieu autour de l'étranglement de l'isoloir, du côté opposé au conducteur en plaçant les deux bouts du lien sur le conducteur et en les recourbant un peu par-dessous. Ensuite on boucle le lien une fois de chaque côté autour du conducteur, et l'on ramène les bouts en arrière pour les réunir par torsion. Pour cela on se sert de tenailles, en ayant soin de ne pas les serrer trop fort, de manière que, pendant la torsion, le lien puisse glisser dans les mâchoires des tenailles ; on ne commence à serrer plus fort les tenailles, pour couper les bouts qui dépassent, que quand la torsion est terminée ; on rabat alors l'ensemble des deux bouts contre l'isoloir. Les figures 65 *b* et 65 *c* représentent la ligature, de côté et de face.

Pour fixer la tête de l'isoloir quand le support est en fer, on la scelle au plâtre. Quand on emploie des poteaux pour recevoir les isoloirs, on se sert ordinairement de supports terminés en forme de vis à bois ; le support doit être vissé dans le poteau perpendiculairement et assez profondément pour que la partie lisse pénètre un peu dans le bois. Les supports destinés à être fixés après un mur sont munis d'un rebord en fer, percé de trous dans lesquels on fait passer des boulons à scellement que l'on scelle au plâtre dans le mur.

Les isoloirs finissent, à la longue, par se recouvrir de crasse, de poussière de charbon, etc. ; il faut alors les nettoyer. On les lave extérieurement au moyen d'une brosse qu'on trempe dans de l'eau propre ; entre les parois des cloches, où se trouvent de la poussière et des toiles d'araignée, on se sert d'un linge enroulé sur un bâton.

67. Manière de faire pénétrer les conducteurs dans les bâtiments. On se sert d'entonnoirs dits d'introduction, en caoutchouc durci ou en porcelaine. La figure 66 représente un entonnoir de ce genre, en porcelaine.

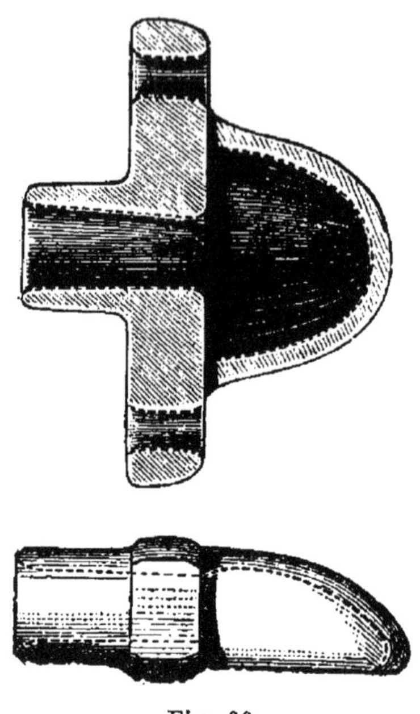

Fig. 66.

Le conducteur doit entrer par le bas de l'entonnoir, sans être tendu ; il est défectueux de le faire entrer par le haut et de l'appuyer contre le bord de ce petit appareil, souvent couvert de rosée. Le meilleur procédé consiste à placer un isolateur à côté de l'entonnoir d'introduction et de faire entrer le conducteur de bas en haut, en lui faisant décrire un court arc de cercle. Alors l'eau qui découle du conducteur ne peut se rassembler sur l'entonnoir d'entrée, ni sur l'isolateur. Le conducteur doit toujours être isolé avec d'excellents matériaux ; derrière le trou par lequel il entre, on place un tuyau de caoutchouc durci, pour empêcher le conducteur de toucher le mur.

68. Raccordement de conducteurs isolés à des conducteurs nus. Ce mode de jonction s'emploie à l'entrée des conducteurs dans les bâtiments et avec les suspensions de lampes à arc ; il doit être appliqué avec des soins extrêmes. On enroule deux fois autour du cou de l'isolateur le bout du conducteur nu, puis on le soude à la partie tendue ; quand le conducteur est mince, on enroule le bout de fil métallique autour du conducteur, comme le montre la figure 67 ; quand il est épais, c'est-à-dire quand son diamètre dépasse 4 millimètres, on opère la jonction au moyen de fil de cuivre mince, qu'on enroule par dessus. Quant au bout du conducteur isolé (fig. 67), on le soude à la jonction du conducteur nu et on l'enlace autour du fil nu, ou bien on le fixe, au moyen du fil de cuivre qui sert de lien, au cou de l'isolateur, de telle sorte que la soudure ne soit pas ébranlée par les mouvements que peut prendre le gros fil de cuivre, qui en général est suspendu librement.

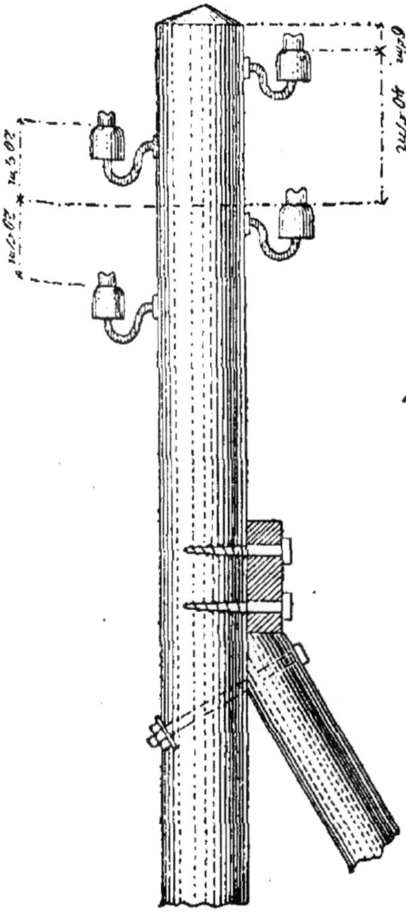

69. Poteaux. Dans les conditions normales, on choisit des poteaux qui ont générale-

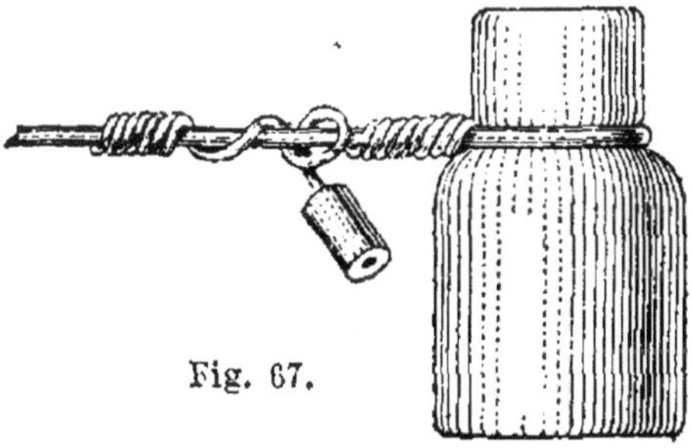

Fig. 67.

ment 7 mètres de long et qui sont enfoncés dans le sol de $\frac{1}{5}$ leur longueur. Le diamètre de ces poteaux, à leur bout supérieur, ne doit pas avoir moins de 15 centimètres. En ligne droite, on incline un peu les poteaux dans le sens du vent prédominant ; dans les courbes, on leur donne une inclinaison déterminée surtout par la courbure elle-même. Lorsque, dans des courbes, de simples poteaux n'offrent pas assez de résistance à la traction exercée par les conducteurs, on les soutient au moyen de contrefiches comme le montre la figure 68 (1). La contre-fiche

Fig. 68.

____

(1) En France, on les *jumelle*, c'est-à-dire qu'on en met deux ensemble et qu'on relie ces deux poteaux au moyen de brides en fer.

(*Le traducteur.*)

doit être dans un plan déterminé par l'axe du poteau ainsi que par la bissectrice de l'angle obtus dont les côtés sont formés par les conducteurs et dont le sommet se trouve à leur point de contact avec le poteau. Cette contre-fiche est appliquée aux $\frac{2}{3}$ de la hauteur du poteau, sous un angle de 45°, et elle s'appuie contre un blochet de chêne fixé au poteau par des tire-fond ; en outre, elle est elle-même fixée au poteau au moyen d'un boulon. Le bout de la contre-fiche doit pénétrer dans le sol jusqu'à une profondeur de 1 mètre environ. On le recouvre d'une pierre plate ou d'un épais bloc de bois. On peut remplacer la contre-fiche par un ancrage, consistant en un câble de fil métallique ou en fils de fer de 3 millimètres de diamètre tortillés ensemble (fig. 69).

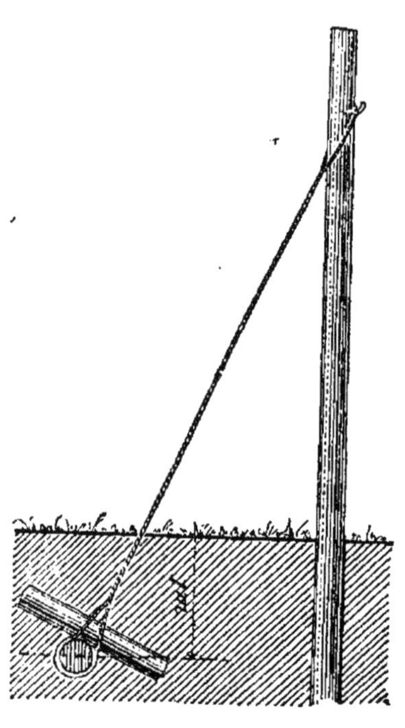

Fig. 69.

70. Manière de tendre les conducteurs. En ligne droite, la portée normale pour 2, pour 3 ou pour 4 conducteurs, en fil de cuivre de 3 à 4 millimètres d'épaisseur, doit être de 40 à 45 mètres. Dans les courbes, et quand on se sert de fils plus épais et plus nombreux, les portées doivent être plus petites. La flèche doit être de 50 à 100 centimètres, selon la portée ; toutes les portées de même longueur doivent avoir la même flèche. Pour vérification (fig. 70) on fait tenir sous le conducteur, au milieu de la portée, une perche munie d'une marque, un clou par exemple ; du point a on vise le point b en faisant amener sur le rayon visuel le bout c de la perche, on tend alors le conducteur à la demande du clou.

Pour dérouler le conducteur, on commence par le bout qui se trouve au périmètre extérieur, et l'aide tient le rouleau verticalement ; car, si on laissait le rouleau par terre

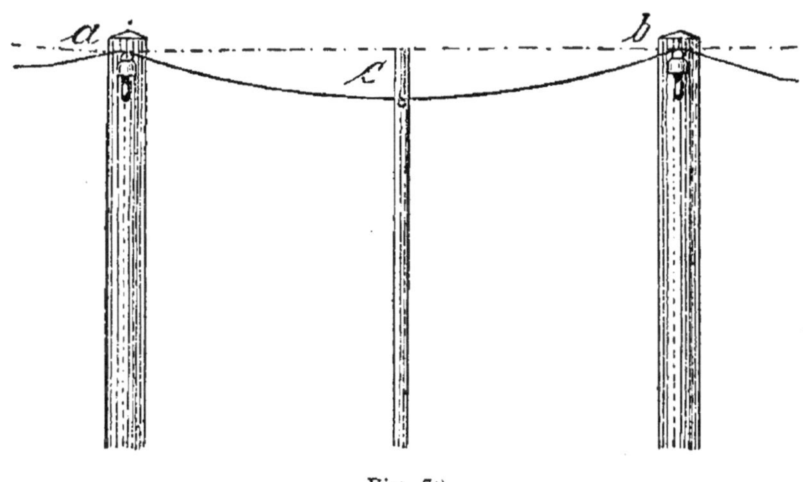

Fig. 70.

horizontalement pendant qu'on le déroule, le conducteur se tordrait, et la tension en serait beaucoup plus difficile.

Pour tendre le conducteur, on se sert d'une mouflette et de l'outil en forme de grenouille que représente la figure 71. Lorsque le diamètre du conducteur dépasse 3 millimètres, il faut commencer par tendre le fil avant de l'appliquer sur les isolateurs ; quand le fil est tendu et qu'on ne peut le redresser au moyen d'une simple traction, on le passe entre deux morceaux de bois, et on le tend violemment en les serrant fortement l'un contre l'autre. — Il est

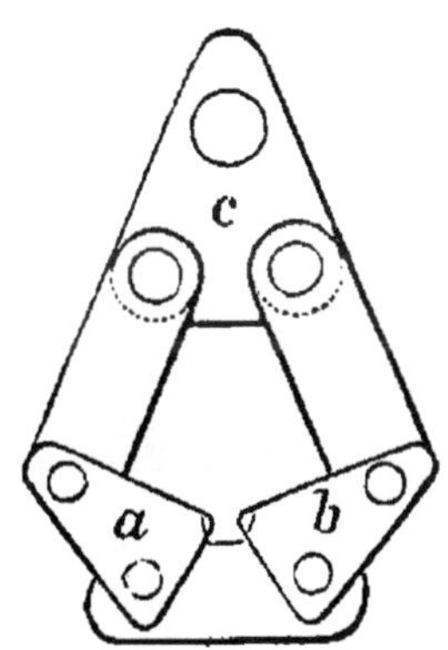

Fig. 71.

très difficile de bien tendre les conducteurs ayant plus de 5 millimètres de diamètre ; on les remplace par des sortes de câbles formés de plusieurs fils de fer fins tortillés ensemble, ou par un certain nombre de conducteurs fins, réunis les uns aux autres. Dans ce cas, voici comment on procède : on tend, les uns à côté des autres, les fils, qui doivent faire partie d'un même conducteur, et on les fixe ensemble aux isolateurs. Ensuite on les tord au moyen d'une barre de fer qui n'a pas de vives arêtes, passée entre eux à égale distance entre deux points d'attache ; en même temps on fait osciller les fils pour que la torsion se répartisse plus uniformément. A droite et à gauche du point de torsion, l'enroulement se fait en sens contraire, mais cela n'a pas d'importance, car les tours ne font que faiblement ressort, après l'enlèvement de la barre de fer ; ensuite au moyen d'une pression on fait disparaître le vide qu'a laissé l'introduction de la barre de fer. — Quand les portées sont égales, il est plus expéditif, pour opérer la torsion, de se placer au droit d'un des supports, en n'arrêtant le fil qu'à l'isoloir suivant, le conducteur restant suspendu entre les deux. On n'attache le conducteur à l'isoloir intermédiaire qu'après avoir opéré la torsion.

71. Soudure des conducteurs accouplés. On ne saurait trop recommander de faire les soudures avec le plus grand soin. En examinant les figures 72 et 72 *bis*, on se rendra

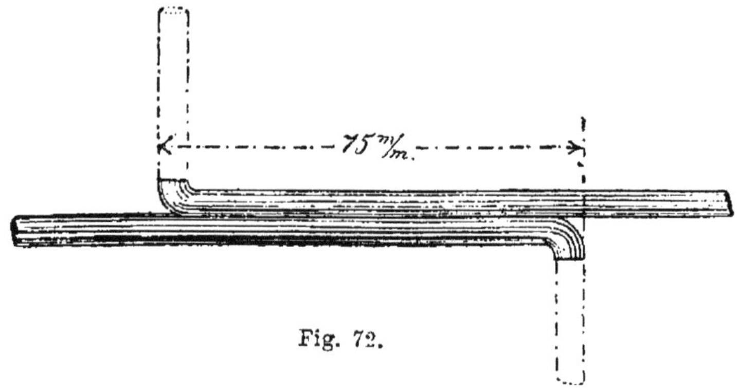

Fig. 72.

compte des diverses manipulations à effectuer, lorsque le conducteur n'est formé que d'un seul fil.

On attache les conducteurs en cuivre, au moyen de fil de

ce même métal, n'ayant pas moins de 1 millimètre de diamètre ; pour pouvoir exercer une traction plus énergique, on enroule ce fil sur un mandrin en bois. Pour la manière

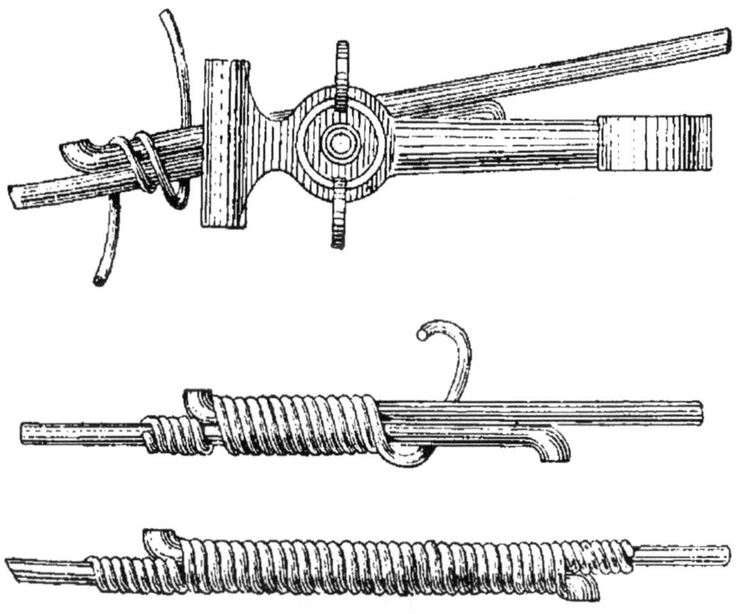

Fig. 72 *bis.*

d'accoupler les conducteurs formés de câbles, voir 74. Les bouts à souder ainsi que le fil de cuivre servant à les lier doivent être bien brillants ; on les décape avec un linge enduit d'émeri. On tient un fer à souder plat, au-dessous de la place où l'on applique la soudure ; la soudure doit pénétrer dans l'ensemble des fils. Avant de nettoyer, il faut attendre que la soudure soit refroidie ; on enlève l'acide avec de l'eau pure, et on frotte avec un chiffon sec.

CONDUCTEURS DANS DES LOCAUX FERMÉS.

72. Matières conductrices. Pour les conducteurs dans les locaux fermés, on emploie presque exclusivement des fils conducteurs isolés. On choisit tel ou tel isolant selon les locaux dans lesquels doivent passer les conducteurs. Pour des locaux secs, le fil de jute goudronné ou ciré est suffisant; les fils métalliques dits incombustibles ne peuvent être admis que pour des locaux très secs.

Pour les locaux humides, on se sert de conducteurs isolés à la gutta-percha; les conducteurs entourés de plomb et isolés ne paraissent pas donner de bons résultats dans ce dernier cas; il est probable que cela tient souvent à ce que le placement de ce genre de conducteur exige des soins particuliers et qu'il n'est pas toujours confié à des ouvriers suffisamment expérimentés.

'73. **Appareils isolants**. Le premier principe, c'est que les conducteurs doivent être placés aussi loin que possible des pièces métalliques entrant dans la construction des bâtiments.

a. *Crampons en fil de fer*. Ce système ne doit pas être recommandé quand le conducteur n'est pas, sur toute sa longueur, encastré dans des planchettes de bois. En tout cas il faut avoir soin de ne pas endommager le corps isolant en enfonçant les crampons; au besoin, on le protégera au moyen de petits bouts de tubes de caoutchouc.

b. *Planchettes à rainures et crampons en bois*. Ce mode de fixage, qui ne peut être admis que pour les locaux secs, s'emploie presque exclusivement pour les établissements éclairés au moyen des lampes à incandescence; je décrirai en détail ce système, lorsque je parlerai des conducteurs pour lampes à incandescence (voir 83).

c. *Boutons isolants*. Le procédé le plus simple que l'on puisse recommander, pour fixer solidement les conducteurs, consiste dans l'emploi de boutons isolants en porcelaine, car en général il permet d'obtenir un isolement suffisant même dans les locaux humides. Pour fixer les conducteurs sur les boutons isolants (fig. 73), on emploie du fil de fer galvanisé, de 1,5 à 2 millimètres de diamètre. On passe autour du conducteur et du bouton isolant un bout de fil métallique, d'une longueur suffisante, et on en tord les bouts sur le côté opposé au conducteur, au moyen de tenailles ; on coupe ce qui dépasse. Dans les locaux secs, on peut employer des fils métalliques dont le diamètre ne dépasse pas 3 millimètres, parce qu'il est plus facile de les tendre ; on les enroule une fois autour du bouton de l'isoloir avant de placer le lien. On peut obtenir une forte tension des conducteurs par le moyen suivant : avant d'attacher ce conducteur on fait faire à la vis quelques tours en arrière, et après avoir attaché le conducteur, on serre fortement le bouton sur la planchette.

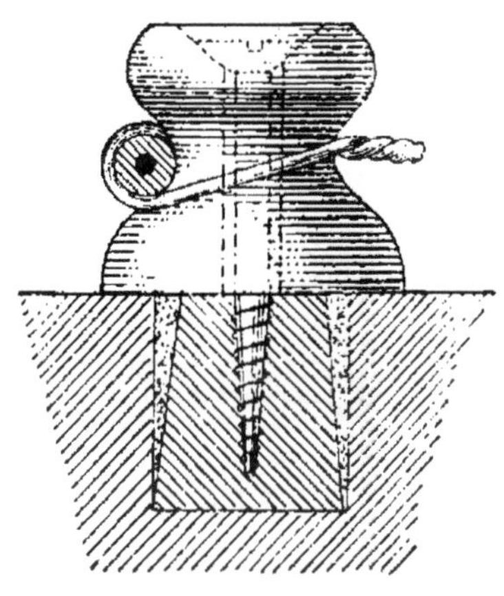

Fig. 73.

Les boutons de croisement (fig. 74) servent à recevoir

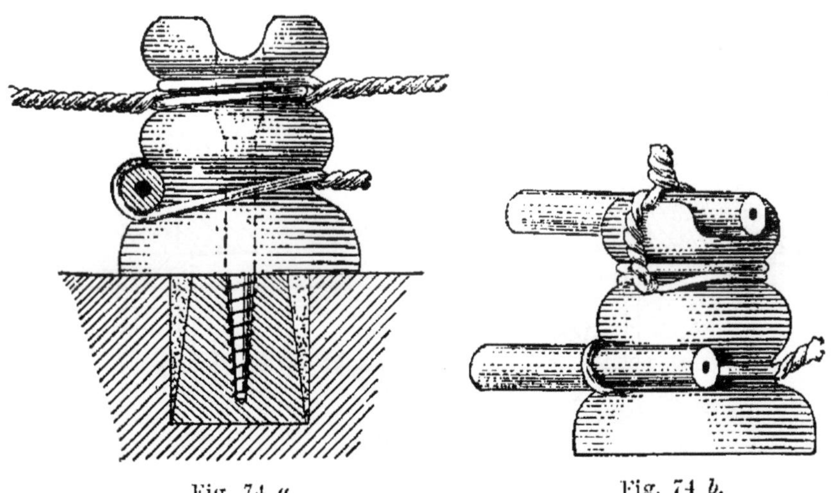

Fig. 74 a.   Fig. 74 b.

deux conducteurs qui se croisent. On applique l'un des fils à la rainure inférieure du bouton ; on ne doit pas faire passer ce premier fil autour du bouton. L'autre fil se place dans la rainure supérieure. Pour le fixer on enlace, des côtés opposés, autour de la rainure supérieure, deux liens métalliques et on en tord les bouts ensemble (fig. 74 *a*), on les croise ensuite sur le bouton isolant, et on les réunit en les tordant ensemble une seconde fois (fig. 74 *b*).

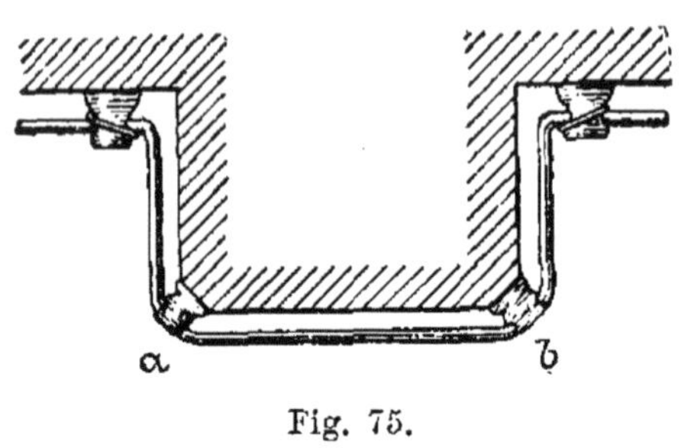

Fig. 75.

On emploie encore avec avantage les boutons de croisement, quand on fait passer des conducteurs sur des angles de mur et sur des poutres en saillie (fig. 75). On fixe alors les boutons de croisement sur les arêtes en question (dans la fig. 75 en *a* et en *b*) et on applique le conducteur dans la rainure supérieure du bouton; quand le conducteur est suffisamment tendu, on peut se dispenser de l'attacher au bouton de croisement.

d. Cylindres isolants. Ces appareils isolants, également en porcelaine, servent aux mêmes usages que les boutons isolants; ils servent, par exemple, à faire passer parallèlement un grand

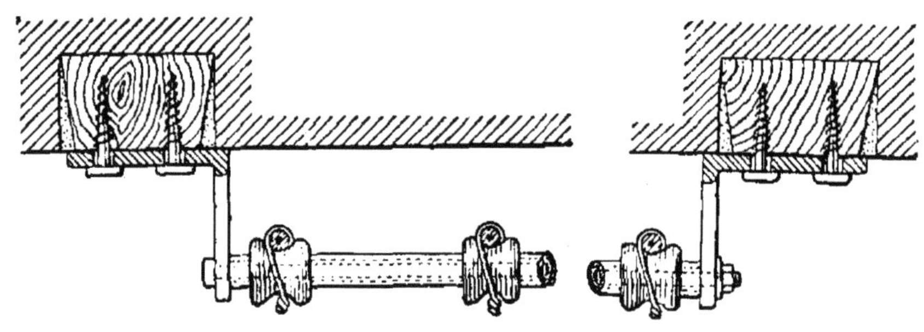

Fig. 76.

nombre de conducteurs dans les chambres de machines. On engage les cylindres isolants (fig. 76) sur une tige de fer munie d'une tête et d'un écrou et on les maintient à la distance voulue, en interposant des bouts de tuyaux de gaz ; ou fixe le tout au plafond ou au mur au moyen d'équerres en fer plat. Quand les conducteurs sont au plafond, on les place sur les cylindres isolants, de manière à décharger le fil qui sert de lien ; quand les conducteurs suivent le mur, on les attache du côté du cylindre opposé au mur.

e. *Cloches isolantes*. Dans les locaux très humides, dans les caves, par exemple, on se sert de cloches isolantes. Pour attacher des fils entourés de matière isolante sur ces cloches, on se conformera aux règles données à propos des boutons isolants.

f. *Passage de conducteurs à travers les murs*. Pour faire passer des conducteurs à travers un mur, il faut placer des tubes de verre ou de gutta-percha dans le trou du mur ; on préfère les tubes en gutta-percha à ceux en verre, parce que les arêtes de ceux-ci peuvent endommager la matière isolante qui recouvre les fils. On ne doit jamais faire passer deux conducteurs dans le même tuyau. Quand on tient à l'élégance de l'installation, on revêt chaque bout du tuyau au moyen d'une enveloppe en bois dur ou en procelaine, que l'on scelle au plâtre. Avant de commencer le scellement, on introduit dans le tuyau un mandrin de bois afin d'empêcher

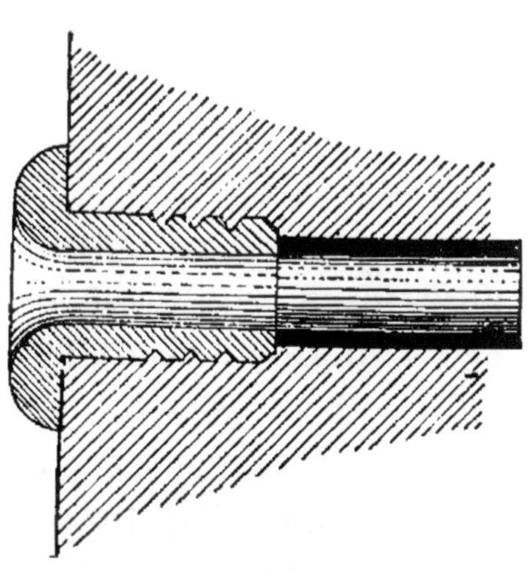

Fig. 77.

le plâtre d'y pénétrer. Il va sans dire qu'on le retire ensuite. — Si les murs sont bien secs, on peut se contenter de l'enveloppe et supprimer le tuyau.

74. Soudure des accouplages de conducteurs isolés. Aux endroits à souder, on ôte la matière isolante, et on décape bien les fils en les frottant avec un linge enduit d'émeri. Pour enlever la matière isolante, on la gratte au couteau. On évitera, surtout si le conducteur est mince, de la couper circulairement avec ce couteau et de la ramener au bout du fil, car la section pourrait pénétrer dans le fil et le prédisposer à la rupture. La longueur de la partie mise à nu doit être telle que, quand on soude l'accouplage, la matière isolante ne brûle pas et qu'elle ne soit pas humectée par l'acide.

Quand les fils conducteurs sont minces, c'est-à-dire quand leur diamètre ne dépasse pas 2 millimètres, on peut les relier en les tordant (fig. 78) ; quand les conducteurs sont plus

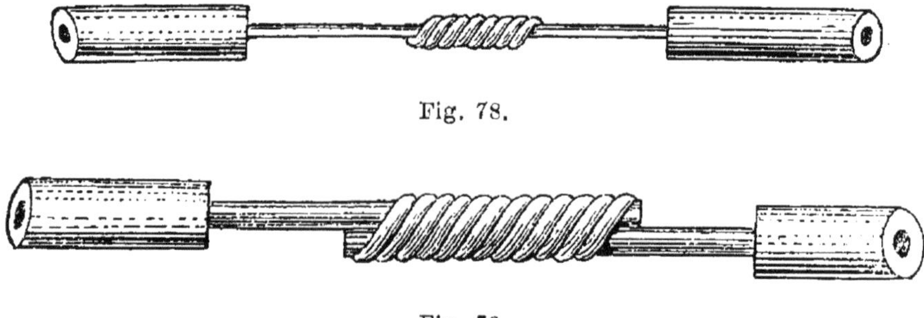

Fig. 78.

Fig. 79.

forts, on en rapproche les bouts, comme le montre la figure 79, et on attache ceux-ci au moyen de fil de cuivre de 1 millimètre d'épaisseur.

Pour accoupler des conducteurs formés de câbles, on procède comme je l'ai dit plus haut, à propos de la figure 71, ou bien on enchevêtre les bouts des câbles. Ce dernier mode d'ac-

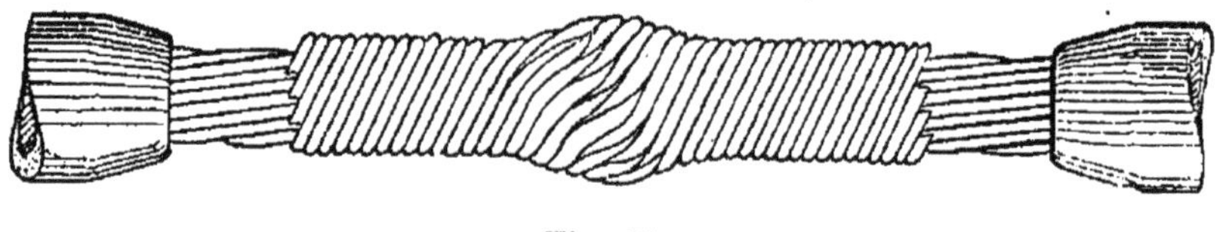

Fig. 80.

couplage se pratique sur des câbles très forts ; il est représenté par la figure 80. — Les câbles de ce genre se composent généralement d'un noyau formé de fils réunis en un câble, et d'une enveloppe formée de fils enroulés par dessus. On replie les fils de l'enveloppe à 6 ou 10 centimètres du bout des noyaux, pour couper ces bouts ainsi découverts; on met ensuite en contact les surfaces de section des noyaux et l'on enchevêtre les fils de l'enveloppe, de telle sorte que chaque fil de l'un des bouts se trouve entre deux fils de l'autre bout; pour terminer, on enroule les fils enveloppants, comme le montre la figure 80, autour des bouts de câble opposés. Pour souder, on place de petits morceaux d'étain dans les intervalles, à l'endroit où doit se faire le raccordement.

Voici les règles pour opérer les raccordements de conducteurs à des bifurcations. Quand les fils de l'embranchement sont moins épais, on enroule le bout du conducteur bifurqué, autour du conducteur principal; la figure 81 montre un

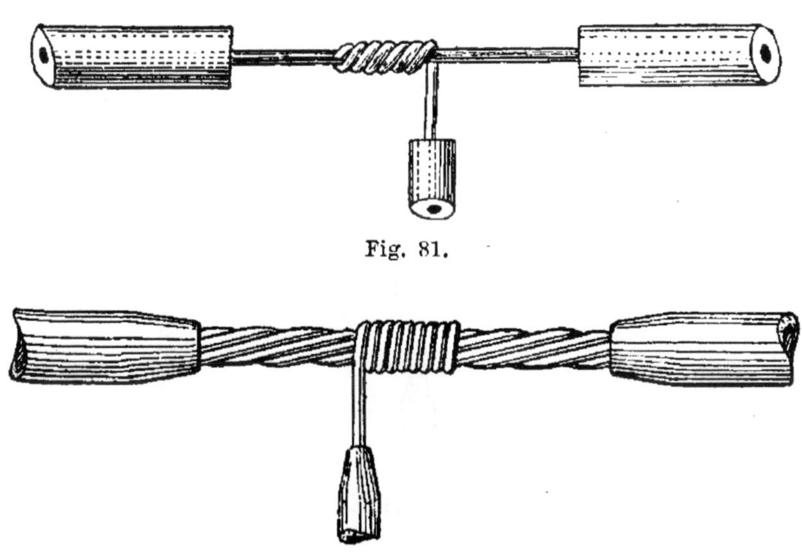

Fig. 81.

Fig. 82.

embranchement sur un conducteur formé d'un seul fil métallique; la figure 82 représente un embranchement sur un conducteur en câble. — Quand les fils de l'embranchement sont plus épais, on applique sur le conducteur principal le

bout du conducteur embranché, et l'on fait le raccordement
au moyen d'un fil métallique servant de lien, comme le
montre la figure 79. — Quand le conducteur qui doit former embranchement est constitué par un câble (fig. 83),

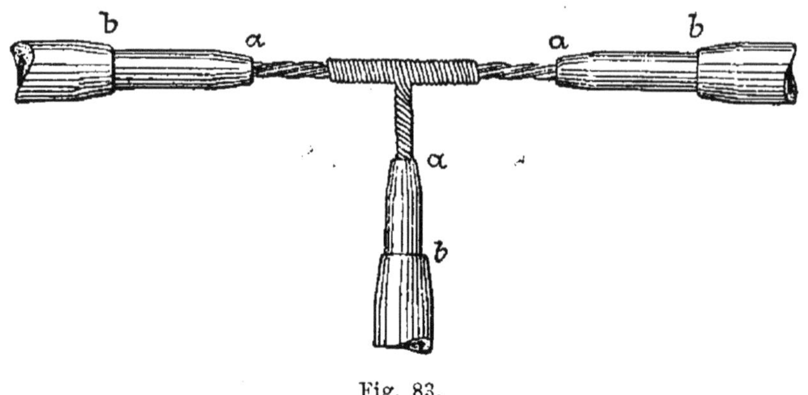

Fig. 83.

on en divise le bout et on l'enroule autour du conducteur
principal, moitié à droite moitié à gauche. — Quand il s'agit
d'embrancher des conducteurs minces sur des conducteurs
en câble très fort (fig. 84), on ne soude le conducteur em-

Fig. 84.

branché qu'avec une partie de câble fort ; à cet effet on fait
sortir du câble fort un nombre de fils assez grand pour que leur
section soit au moins aussi grande que celle du conducteur
embranché. Pendant le soudage, on protège le conducteur
épais, en interposant une bande de tôle. Après avoir opéré
le raccordement, on ramène à la position primitive les

fils du câble qu'on avait retirés et on les presse de façon à les remettre en place aussi bien que possible.

On soude les fils forts au moyen du fer à souder; quant aux fils faibles, on les soude à la lampe. Ne pas oublier de nettoyer bien soigneusement la soudure après le refroidissement (voir 71). Pour que les raccordements soient solides, il ne faut pas omettre de les souder.

75. Isolement des soudures. Il suffit généralement de remplacer par un ruban ciré l'isolement détruit. Quand on veut que la matière isolante soit protégée contre l'humidité, on se sert de papier de gutta-percha; quand le conducteur est isolé, par exemple, au moyen de gutta-percha et de jute (fig. 83), on met à nu l'isolement de gutta-percha sur les surfaces *a b,* dont la longueur est de 3 à 5 centimètres selon l'épaisseur du conducteur; on entoure la soudure, ainsi que le commencement des isolements de gutta-percha, au moyen de papier de gutta-percha que l'on fait fondre à la flamme du chalumeau. Après le refroidissement, on entoure le tout au moyen d'une bande cirée à un ou deux centimètres au-dessus des points *b.*

CONDUCTEURS POUR LAMPES A ARC.

76. Matières conductrices. Dans les locaux fermés on se sert de conducteurs faits en câble métallique; ils sont très commodes, car cette matière étant flexible, il est plus facile de poser les conducteurs; d'autre part, la même matière peut servir de conducteur mobile s'adaptant aux lampes, ce qui évite les soudures. Quand les conducteurs en plein air ne desservent que quelques lampes placées à petite distance du local des machines, on se sert généralement de conducteurs isolés pour éviter les soudures; en outre, il faut que les conducteurs soient isolés dans certains cas, par exemple, dans les jardins, lorsque les conducteurs touchent des branches d'arbres. Pour les conducteurs d'une grande étendue en plein air, on se sert de fil de cuivre nu ; on n'emploie de la corde conductrice isolée que pour les conducteurs mobiles conduisant aux lampes ainsi que pour établir la communication avec les appareils.

77. Calcul des conducteurs. Quand les lampes à arc sont montées en série (voir 40 *a*), la perte de tension dans les conditions normales ne doit pas dépasser 10 %. Quand on a des lampes à arc montées en quantité (voir 40 *b, c, d*), la perte de tension dans leurs conducteurs, c'est-à-dire à partir des points d'embranchement sur le conducteur principal, peut être plus élevée, car, puisqu'il faut insérer de la résistance en avant des lampes, la perte de tension dans le conducteur principal peut sans inconvénient atteindre 5 %. Pour la détermination de la section des conducteurs, même règle que pour les conducteurs de lampes à incandescence (voir 82).

78. Montage des conducteurs. Dans les espaces clos on fait passer des conducteurs sur des boutons isolants ; pour les locaux très humides on emploie des cloches isolantes. Pour isoler les conducteurs en plein air on se sert en général de cloches isolantes grand modèle ; toutefois, pour fixer les fils mobiles allant aux lampes, on se sert du petit modèle qui a meilleure apparence.

La distance entre des conducteurs parallèles en plein air ne doit pas être inférieure à 40 centimètres ; dans les espaces clos, quand il y a un grand nombre de lampes montées en tension, la distance ne doit pas être inférieure à 15 centimètres ; pour les établissements où il y a environ 100 volts de tension, on doit considérer 5 centimètres comme l'écartement minimum qui soit admissible dans les locaux couverts.

79. Vérification des conducteurs. Le principe pour l'essai des conducteurs est de les diviser en plusieurs parties, de manière que le défaut soit localisé sur un bout aussi court que possible, et par conséquent plus facile à vérifier. Nous allons nous occuper exclusivement des conducteurs pour lampes à arc montées en série (voir 40 *a*); pour les lampes en arc parallèle multiple (voir 40 *d*) on observe les mêmes règles, relatives aux divers circuits; du reste pour les lampes à arc montées en quantité, je renvoie aux indications que j'ai données à propos des conducteurs de lampes à incandescence (voir 84).

Quand le montage est terminé, il faut examiner si les conducteurs sont bien isolés; souvent on a à rechercher et à corriger les défauts qui se présentent sur les vieux conducteurs; ces défauts consistent généralement en dérivation à la terre ou en court circuit entre divers points du conducteur.

Dans le premier cas on peut généralement reconnaître le défaut à l'aide du galvanomètre; dans le second, on le reconnaît à ce qu'une ou plusieurs lampes ne brûlent pas beaucoup ou ne brûlent que faiblement. Ces défauts proviennent souvent de ce que le conducteur est détérioré, ce qui peut tenir à ce qu'on a interrompu trop souvent le courant pendant la marche (voir 44 *a*); il se forme, entre les endroits mal isolés du conducteur et entre les parties métalliques qui les touchent, un arc lumineux qui quelquefois fait fondre le conducteur avec ses parties métalliques et qui quelquefois brûle l'isolant.

Quand il faut, à l'aide du galvanomètre, rechercher s'il y a dérivation à la terre, on doit avant tout enlever des pôles de la machine les bouts du conducteur et les empêcher de se toucher ou de toucher soit un mur soit des parties métalliques. Le circuit extérieur doit être fermé; quand les lampes ne sont pas mises en circuit, on réunit entre eux les bouts des conducteurs. — Comme pour l'explication suivante, supposons qu'un circuit à 5 lampes (fig. 85) ait une dérivation à la terre en X. On commence par diviser le conducteur en deux parties égales; on ouvre le circuit à la lampe 3 et l'on

vérifie séparément les étendues des conducteurs **3** *a* et **3** *b*.
On fait communiquer avec la terre l'un des pôles du galvanomètre ; on le fait communiquer avec une conduite de gaz
ou d'eau voisine, ou avec le boulon de fondation d'une machine, etc. ; ensuite on touche avec l'autre pôle, les deux
bouts du conducteur successivement. Si, quand on touche

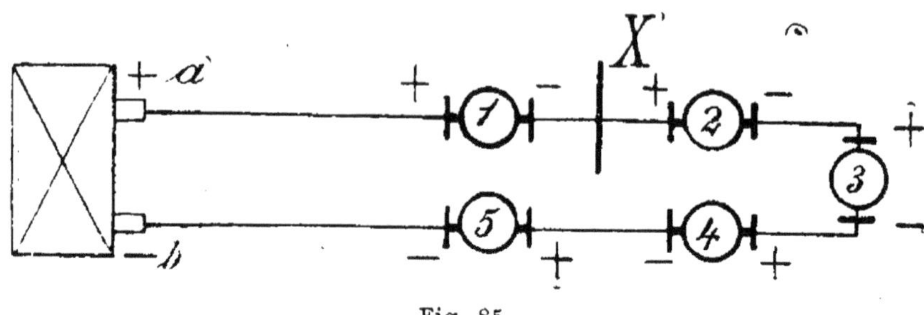

Fig. 85.

3 *a*, il y a déviation, le défaut se trouve sur cette étendue, on
la divise alors elle-même en deux parties en ouvrant le circuit en 2 et en 1, il reste enfin l'étendue 1, 2 ; on l'examine
attentivement ; si cet essai était trop long, il faudrait diviser
cette étendue elle-même en deux moitiés, en coupant le conducteur en un endroit facilement accessible. On découvrira
facilement l'endroit défectueux en inspectant attentivement
la courte étendue de conducteur qui reste.

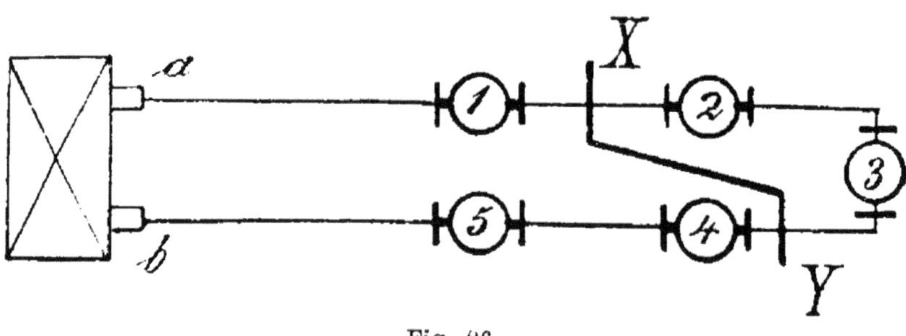

Fig. 86.

Dans le second cas, celui où il y a court circuit entre deux
parties du conducteur, le défaut peut provenir de ce que
le conducteur (fig. 86) touche une partie de X Y, qui le

croise, ou de ce que le conducteur est entaché de communication à la terre aux deux endroits X et Y. Comme je l'ai déjà mentionné, ce défaut se trahit par le mauvais fonctionnement des lampes 2 et 3, qui se trouvent entre X et Y; en outre, par un échauffement anormal, et par l'apparition de fortes étincelles à la machine, car la diminution de résistance du circuit extérieur, causée par le circuit secondaire X Y, fait augmenter l'intensité du courant extérieur (voir 37, II, *a*). Dans ce cas il faut examiner minutieusement les parties 1, 2, et 3, 4), c'est-à-dire les parties en avant et en arrière des lampes qui brûlent mal. Il est bien plus fréquent que le défaut déjà mentionné se produise sur une seule lampe; il y a alors court circuit entre les pôles des lampes, et ce court circuit est produit par la suspension ou par l'enveloppe des lampes, par suite de contact des conducteurs avec des parties métalliques nues.

Dans les établissements où l'éclairage se fait au moyen de courants à haute tension, la résistance provenant du défaut d'isolement est quelquefois si considérable qu'on ne peut arriver à la déceler au moyen d'un galvanomètre peu sensible; d'ordinaire alors on est forcé de se servir du courant de la dynamo pour opérer les recherches; dans ce cas, on ne touchera avec les mains que les endroits bien isolés. Les essais de ce genre ne peuvent être pratiqués que par des personnes bien expérimentées, encore les plus grandes précautions sont-elles nécessaires.

Quand on se sert du courant de la dynamo, pour rechercher s'il y a dérivation à la terre, on fait marcher cette machine à une vitesse moindre que sa vitesse de régime. On commence par toucher les deux pôles de la machine successivement avec un fil en dérivation à la terre; si le circuit a une dérivation à la terre, une étincelle jaillit aux deux pôles et l'une de ces étincelles est ordinairement plus grande que l'autre. C'est au pôle le plus proche du défaut que jaillit l'étincelle la plus petite. Lorsque les étincelles sont de même longueur aux deux pôles, le défaut se trouve au milieu du conducteur, ou bien il y a deux places défectueuses. — Dans le cas auquel se rapporte la figure 85, c'est au pôle a que jaillit la plus petite des deux étincelles ; on se dirige donc vers la lampe 1, qui est la plus rapprochée de a, et on essaie si ses pôles sont en dérivation à la terre ; s'il en est ainsi, il n'y aura pas d'étincelle, ou il n'y en aura qu'une petite au pôle négatif. Il en est de même, pour la lampe 2, au pôle positif ; mais il se forme une grande étincelle au pôle négatif. Le défaut se trouve donc entre les lampes 1 et 2, c'est-à-dire dans la partie qui, lorsqu'on la met en dérivation à la terre, donne la plus petite étincelle.

CONDUCTEURS POUR LAMPES A INCANDESCENCE.

80. Système conducteur. Pour la distribution des lampes et pour l'installation du conducteur, on se conforme autant que possible aux instructions données par le fournisseur ; elles doivent indiquer même le diamètre du conducteur. Mais il se peut que le constructeur n'ait pas donné de plan pour le montage, et c'est pourquoi je vais expliquer en détail la disposition du système conducteur.

On distingue en général le conducteur principal et l'embranchement. Par conducteur principal on entend le conducteur destiné à recevoir un courant d'une grande intensité et sur lequel s'embranchent des conducteurs servant à la distribution du courant ; ceux-ci sont les conducteurs secondaires. — Pour l'installation du conducteur principal, il y a deux cas à considérer. Quand le local des machines se trouve au centre des bâtiments à pourvoir de lampes, on a l'avantage de pouvoir conduire directement le courant, de ce local aux diverses directions ; on place un interrupteur à part, autant que possible dans le local des machines, sur chacun des conducteurs se rendant aux divers bâtiments. Dans le cas contraire, quand le local des machines ne se trouve pas au centre de l'établissement, on fait passer, le long des bâtiments, un fort conducteur sur lequel on embranche les conducteurs qui doivent desservir directement les lampes. Quelquefois, mais plus rarement, on opère quand même la centralisation, c'est-à-dire que l'on mène le conducteur principal à un point situé au centre de l'ensemble des bâtiments, et qu'on fait rayonner les conducteurs secondaires, à partir de ce point, dans tous les sens.

Quand les bâtiments sont très étendus, la personne qui arrive pour monter les appareils peut se trouver embarrassée. On commence par faire sur place le plan de la distribution des lampes dans les divers locaux à desservir, en se conformant aux indications données par le client ou par son représentant. Dans les fabriques on n'a pas à se préoccuper des demandes des ouvriers; si on en tenait compte, le nombre des lampes dépasserait toujours le devis primitif. Après avoir indiqué toutes les lampes sur le plan, on les divise, selon les localités, en groupes de 5 ou 10, pour les desservir par un conducteur secondaire et donner à chaque groupe un appareil de sûreté commun (voir 62). A ce travail on se met au courant de la topographie de l'établissement ; on est alors à même de concevoir la disposition qu'il faut donner au conducteur principal et on peut se mettre à l'œuvre. Selon la position occupée par les groupes de lampes, on les rattache directement au conducteur principal, ou bien on en fait communiquer plusieurs avec un conducteur d'un diamètre suffisant, et on rattache celui-ci au conducteur principal, à moins qu'on ne l'amène directement au local des machines.

81. Matériel conducteur. On a généralement à sa disposition un certain nombre de diamètres de fil : par exemple les diamètres de 1, 2, 3, 4 et 5 millimètres. On emploie rarement de plus grands diamètres, car les fils sont alors difficiles à installer ; on les remplace par des câbles conducteurs ; quelquefois on prend les fils qu'on a sous la main et on en tord ensemble deux ou un plus grand nombre pour en former un conducteur. Pour tordre ensemble des fils courts et pas très forts, on se sert d'un vilebrequin sur lequel on tend les bouts d'un côté des fils, après avoir réuni et attaché les bouts opposés. Quant aux conducteurs plus longs et plus forts, on les tord ensemble, après les avoir mis en place comme je l'ai indiqué plus haut (70).

Pour les conducteurs de lampes, il est bon de se servir de fils entourés d'un corps isolant ; mais, pour que le conducteur puisse entrer dans les tuyaux des suspensions, il faut que la matière isolante ne forme pas une couche trop épaisse.

82. Calcul des conducteurs (1). En général, la perte de tension dans le conducteur ne doit pas dépasser 10 pour 110, c'est-à-dire que, pour 110 volts de tension aux pôles de la machine, on doit avoir 100 volts aux pôles des lampes ; mais cette proportion n'est admissible que pour de grandes longueurs de conducteur. Quand il s'agit d'éclairer une maison, ce qui est le cas le plus général, la machine se trouve dans la maison même ; alors la perte de tension depuis la machine jusqu'à la dernière lampe ne doit pas dépasser 5 % ; dans l'intérieur du système distributeur, c'est-à-dire dans les embranchements destinés à desservir les lampes, la perte de tension doit être plus petite. Une différence de 2 à 3 % dans l'intensité de la lumière des lampes est à peine sensible ; il est donc bon de se maintenir entre ces limites pour le calcul du système de distribution ; on calcule alors les conducteurs de telle sorte que la différence de tension entre les lampes ne dépasse pas 3 %.

(1) Il existe un ouvrage que je recommande pour le calcul des conducteurs ; c'est celui de Epstein : *Universallehre für Elektriker*. Cet ouvrage très pratique se trouve à la librairie polytechnique (*Polytechnische Buchhandlung*) de A. Seidel, Berlin W.

La perte de tension dans les conducteurs se calcule, comme je l'ai déjà mentionné (7), à l'aide de l'équation :

$$E = I \times R$$

La perte de tension E est égale au produit de l'intensité I du courant par la résistance R. L'intensité se calcule d'après le nombre des lampes insérées dans le circuit. On peut admettre que, pour les lampes de 100 volts et de 16 bougies normales, il faut une intensité de 0,55 ampère. Pour les lampes d'égale tension et d'éclat différent, on calcule l'intensité du courant, en admettant qu'elle est approximativement proportionnelle à l'éclat lumineux. Soit une lampe de 10 bougies normales ; pour calculer l'intensité, x, du courant, on pose la proportion :

$$\frac{x}{0,55} = \frac{10}{16}$$

D'où $x = 0,34$ ampère. Pour trouver la résistance R du conducteur, on se sert du tableau suivant, en multipliant les valeurs numériques de la colonne R par la longueur du conducteur exprimée en mètres.

L'intensité des courants qu'on fait passer dans les conducteurs isolés ne doit pas dépasser 3 ampères par millimètre carré de section ; on considère comme l'intensité normale 2 ampères par millimètre carré. Le tableau donne directement les intensités correspondant aux divers diamètres, selon qu'on veut travailler à 1, à 2 ou à 3 ampères.

La manière la plus simple de présenter le calcul des conducteurs est de prendre un exemple.

Supposons qu'il s'agisse de calculer les diamètres des conducteurs pour le schéma représenté par la figure 87. On nous dit que ce conducteur contient 23 lampes de 16 bougies normales et que la tension aux pôles de la machine est de 105 volts environ.

 CONDUCTEURS.

FILS DE CUIVRE.

Résistance pour 1 mètre de longueur et 1 millimètre carré de section
= 0,0166 ohms.

| D | S | R | INTENSITÉ ADMISSIBLE. | | | | | |
| | | | 1 AMPÈRE PAR MILLIMÈTRE CARRÉ. | | 2 AMPÈRES PAR MILLIMÈTRE CARRÉ. | | 3 AMPÈRES PAR MILLIMÈTRE CARRÉ. | |
Diamètre.	Section.	Résistance.	I — Intensité.	E — Perte de tension par mètre.	I — Intensité.	E — Perte de tension par mètre.	I — Intensité.	E — Perte de tension par mètre.
mill.	mill. car.	par mètre en ohms.	amp.	volts.	amp.	volts.	amp.	volts.
0,5	0,20	0,0845	0,2	0,017	0,4	0,033	0,6	0,05
1,0	0,79	0,0211	0,8		1,6		2,4	
1,5	1,77	0,00939	1,8		3,5		5,3	
2,0	3,14	0,00528	3,1		6,3		9,4	
2,5	4,91	0,00338	4,9		9,8		14,7	
3,0	7,07	0,00235	7,1		14,1		21,2	
3,5	9,62	0,00173	9,6		19,2		28,9	
4,0	12,57	0,00132	12,6		25,1		37,7	
4,5	15,90	0,00104	15,9		31,8		47,7	
5,0	19,64	0,000845	19,6		39,3		58,9	
5,5	23,76	0,000699	23,8		47,5		71,3	
6,0	28,27	0,000587	28,3		56,5		84,8	
6,5	33,18	0,000500	33,2		66,4		99,5	
7,0	38,49	0,000431	38,5		77,0		115,5	
7,5	44,18	0,000376	44,2		88,4		132,5	
8,0	50,27	0,000330	50,3		100,5		150,8	
8,5	56,75	0,000293	56,7		113,5		170,2	
9,0	63,62	0,000261	63,6		127,2		190,8	
9,5	70,88	0,000234	70,9		141,8		212,6	
10,0	78,54	0,000211	78,5		157,1		235,6	

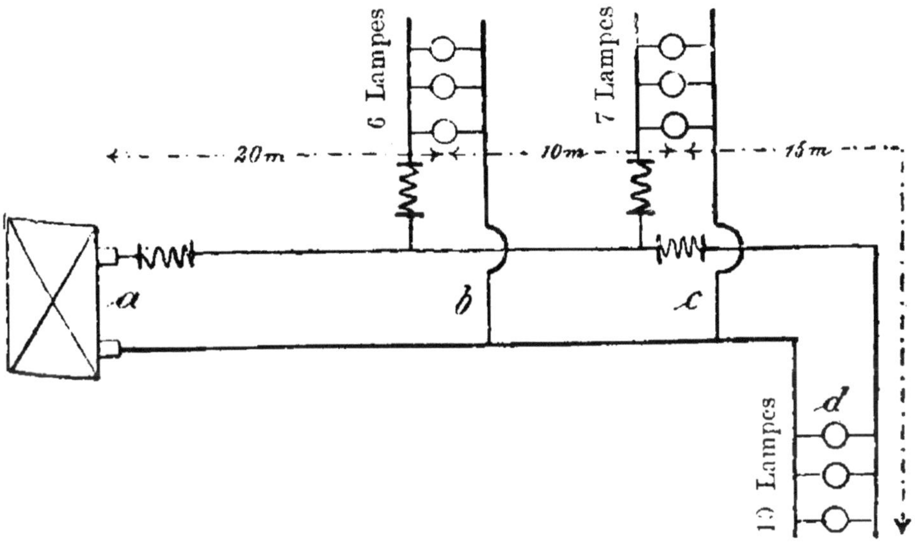

Fig. 87.

a. Conducteur *a b.*

23 lampes : $I = 23 \times 0{,}55 = 12{,}65$ ampères.

Diamètre du conducteur 3 ^{mm}. On peut, d'après le tableau, travailler à 14,1 ampères, avec un fil de 3 millimètres de diamètre, à raison de 2 ampères par millimètre carré.

Résistance du conducteur : $R = 40 \times 0{,}00235 = 0{,}094$ ohm.

Perte de tension : $E_{\overline{a\,b}} = 12{,}7 \times 0{,}094 = 1{,}19$ volt.

b. Conducteur *b c.*

17 lampes : $I = 17 \times 0{,}55 = 9{,}35$ ampères.

Diamètre des conducteurs : 3 millimètres. D'après le tableau, un fil de 2,5 millimètres de diamètre suffirait ; cependant on n'emploie pas de fil de cette épaisseur.

Résistance du conducteur : $R = 20 \times 0{,}00235 = 0{,}047$ ohm.

Perte de tension : $E_{\overline{b\,c}} = 9{,}4 \times 0{,}047 = 0{,}44$ volt.

c. Conducteur *c d.*

> 10 lampes : $I = 10 \times 0{,}55 = 5{,}5$ ampères.
>
> Diamètre du conducteur : 2 millimètres.
>
> Résistance du conducteur : $R = 30 \times 0{,}00528 = 0{,}158$ ohm.
>
> Perte de tension $E\,\overline{c\,d} = 5{,}5 \times 0{,}158 = 0{,}87$ volt.

Pour les conducteurs embranchés en *b* et en *c*, le calcul de la perte de tension se fait d'une façon analogue. On peut, dans le calcul, négliger la résistance des conducteurs se rendant aux ampères, tant que ces conducteurs n'ont qu'une petite longueur; ces conducteurs sont faits d'ordinaire en fil de 1 millimètre.

La perte de tension E, depuis la dynamo jusqu'à la dernière lampe, est égale à la somme des pertes de tension dans les diverses parties du courant

$$E = E\,\overline{a\,b} + E\,\overline{b\,c} + \overline{c\,d} = 1{,}2 + 0{,}4 + 0{,}9 = 2{,}5 \text{ volts.}$$

La perte de tension ainsi trouvée est parfaitement tolérable : si au contraire on avait trouvé plus de 5 volts, il faudrait faire le calcul pour une grande section de conducteur; dans le cas actuel, on remplacerait le conducteur *a b*, celui où le travail à faire est le plus considérable, par un conducteur de plus grand diamètre : on remplacerait du fil de 3 millimètres par un fil de 4 millimètres.

Si en outre on admet qu'il y ait 0,5 volt de perte de tension dans l'embranchement en *b* et dans l'embranchement en *c*, on obtiendra, pour la différence maxima de tension, E′, entre les lampes, la valeur :

$$E' = 0{,}5 + E\,\overline{b\,c} + E\,\overline{c\,d} = 0{,}5 + 0{,}4 + 0{,}9 = 1{,}8 \text{ volt.}$$

Cette différence de tension, 1,8 volt, entre les lampes, est également tolérable, d'après les données précédentes.

83. Montage des conducteurs. Les conducteurs doivent être placés bien en évidence, pour faciliter les réparations et les changements, s'il y a lieu d'en effectuer. En plein air l'écartement entre les conducteurs parallèles ne doit pas être inférieur à 40 centimètres. Dans les locaux fermés, il ne doit pas être inférieur à 5 centimètres, à moins que tout contact ne soit absolument impossible, comme quand les conducteurs sont placés sur des tablettes à rainures ; alors l'écartement peut être réduit à 2 centimètres. Les conducteurs particuliers qui aboutissent aux lampes et qui sont logés dans des tuyaux se trouvent tout près les uns des autres ; ce rapprochement, dans ces conditions spéciales, ne présente aucun inconvénient ; la seule précaution qu'il y ait à prendre, c'est de veiller à ce que les fils passent sans tension dans les tuyaux.

Il faut éviter, autant que possible, le croisement des conducteurs. Je dois signaler une faute que l'on commet très souvent aux endroits où les conducteurs changent de direction. Pour diriger vers le plafond, par exemple, des conducteurs appliqués contre le mur (fig. 88), la bonne disposition

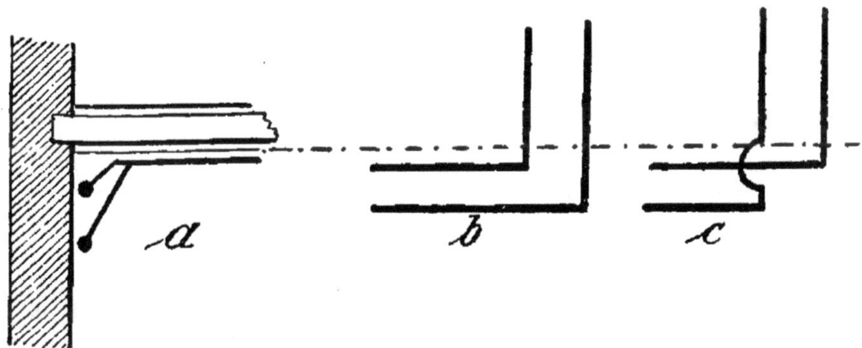

Fig. 88.

est celle que représente la fig. 88 *b* ; la disposition vicieuse est celle que représente la fig. 88 *c*. Il est facile d'éviter cette faute. Pendant le montage, on se figurera que l'on nage entre les deux conducteurs, le visage tourné vers la surface à laquelle sont fixés ces conducteurs, en restant toujours du même côté, par rapport à l'un d'eux. Quand on ne peut éviter des croisements, dans les embranchements, par exemple, les fils doivent toujours être isolés avec le plus grand soin. Quelquefois on prend l'air pour isolant ; ainsi, comme le représente la fig. 88 *a*, on fera passer le conducteur principal le long du mur et l'on dirigera l'embranchement en biais vers le plafond en le faisant passer par-dessus le conducteur principal ; dans ce cas les conducteurs principaux doivent toujours être fixés au voisinage des points d'embranchement.

Voici quelques détails pour compléter ce que j'ai dit (voir 73) sur les appareils destinés à isoler les conducteurs de lampes à incandescence.

Dans les locaux secs, il est très pratique de placer les conducteurs sur des planchettes à rainures, surtout quand, du plancher, il serait facile de les atteindre avec la main. La figure 89 représente la forme ordinaire de la planchette à rainures ; la figure 90 représente le profil d'une planchette destinée à être engagée dans le mur ; on peut enlever cette

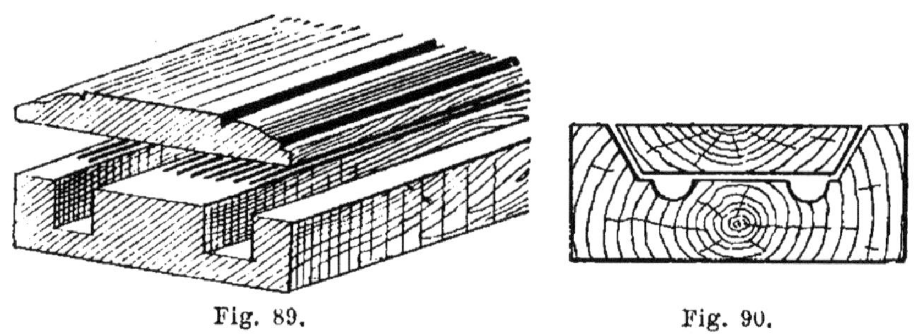

Fig. 89.   Fig. 90.

planchette sans endommager le mur. Pour la fixer à ce mur, on se sert de tire-fond à tête fraisée ; et, pour cela, dans le mur, on scelle au plâtre de petits blochets. Pour fixer le couvercle, on se sert également de tire-fond à tête fraisée. Il faut faire en sorte que le conducteur lui-même ne soit pas en contact avec les tire-fond. On fixe les conducteurs dans les rainures, au moyen de crampons en fil de fer de grosseur moyenne. Pour croiser les conducteurs, on pratique dans le couvercle une rainure pour le fil qu'on veut embrancher. Au point de croisement, on couvre le fil inférieur par un morceau de plaque de fibre que l'on fixe, à l'aide de petites vis à bois, sur la planchette. En tout cas, il faut éviter de cacher les conducteurs dans le plancher ou dans l'enduit du plafond.

Dans les locaux humides, les conducteurs doivent être tout particulièrement protégés ; les appareils isolants sur lesquels ils passent doivent être mieux conditionnés ; comme pour les locaux secs, il faut veiller à ce que le couvercle soit toujours vissé.

Pour fixer les conducteurs au moyen de vis à tête fraisée (fig. 91), il faut beaucoup d'habileté, car il est nécessaire de donner la même ten-

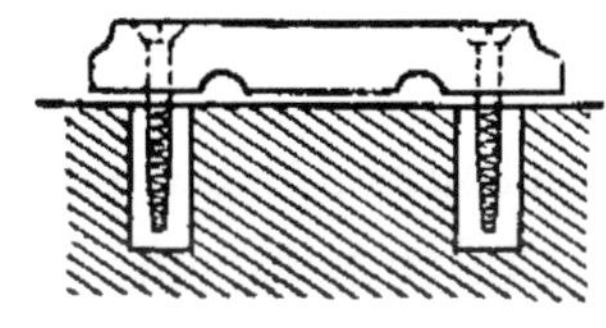

Fig. 91.

sion aux deux conducteurs qui doivent être reçus simultanément par un crampon. Pour effectuer des embranchements (fig. 92), on assure, au moyen d'un morceau de tuyau de caoutchouc, l'isolement des fils métalliques qui se croisent ; il ne faut pas oublier de pousser le tuyau de caoutchouc sur le bout du fil, avant de fixer l'embranchement, car plus tard on serait forcé de fendre ce tuyau pour l'amener sur le conducteur. Si le caoutchouc n'est pas adhérent au conducteur, on l'attache aux deux bouts avec de la ficelle.

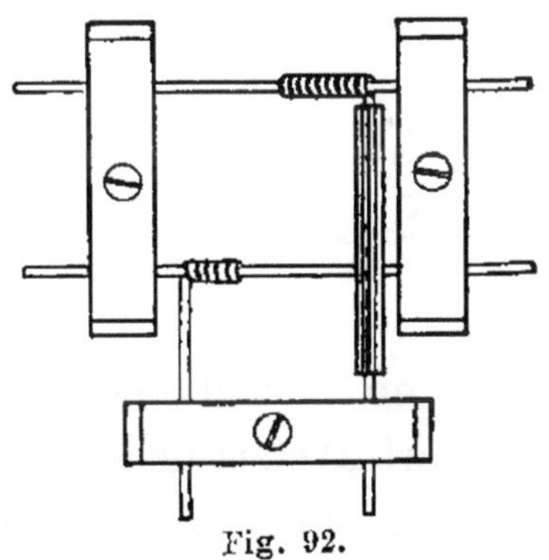

Fig. 92.

On a l'habitude de poser les conducteurs sur des boutons isolants. Quand on doit placer un assez grand nombre de conducteurs parallèlement, sur des boutons isolants, on fixe ces boutons sur une seule planche de bois, afin d'économiser la pose de tampons ou blochets, et on fixe cette planche au mur au moyen de deux boulons à scellement ; dans le local des machines, c'est ordinairement sur des cylindres isolants (voir fig. 76) que l'on place les conducteurs. Aux points de croisement, on emploie des boutons de croisement ou plus simplement le système d'isolement que représente la fig. 93 : on fait passer un cylindre isolant

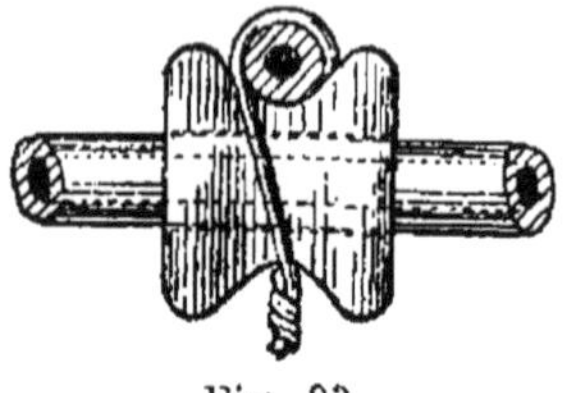

Fig. 93.

ou à défaut un bouton isolant sur l'un des deux conducteurs, et au moyen de fil métallique on attache ce conducteur à l'autre.

Dans les locaux très humides, dans les caves, par exemple, on fixe les conducteurs sur des cloches isolantes ; le meilleur procédé est de les faire passer à la voûte, à l'aide du support que représente la figure 94 ; on place alors les lampes directement au-dessous du conducteur principal. Pour ces conducteurs aussi on peut se servir de fil de cuivre nu, pourvu que le local soit absolument incombustible et que, du sol, on ne puisse atteindre le conducteur avec la main.

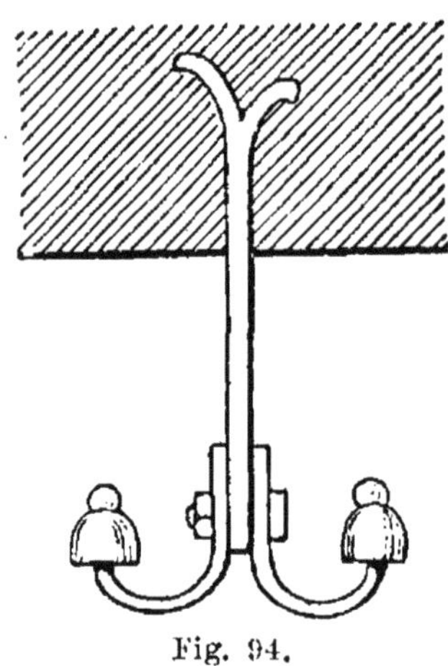

Fig. 94.

Quand on vise à l'élégance en même temps qu'à la solidité, on doit éviter que les conducteurs soient visibles. On se sert de planchettes à rainures, du moins pour le conducteur principal ; ces planchettes se font en bois d'ébénisterie, et on leur donne un profil en rapport avec la décoration du local (fig. 89) ; on les rattache aux moulures, s'il y en a, ou bien on les engage dans le mur (fig. 90). En général on ne peut recourir à ce dernier moyen que dans les bâtiments en construction. Lorsque les planchettes à rainure sont sous les tentures, la partie correspondant au couvercle doit être découpée à part, de telle manière que l'on ne soit pas obligé de déchirer la tenture pour enlever le couvercle. En général, quand on veut faire passer des embranchements au plafond, on les tend librement et on les fixe au moyen de petits boutons isolants ; pour qu'ils n'attirent pas l'attention, on les enduit d'un crépi pareil à celui du plafond. Dans les appartements dont les murs sont revêtus de boiseries, on fixe les conducteurs, à l'aide de crampons de fils de fer, derrière des planches en saillie, et toujours du côté opposé aux fenêtres.

84. Essai des conducteurs. Les règles que j'ai données pour l'essai des conducteurs (voir 79) s'appliquent en partie à l'essai des conducteurs pour l'éclairage par les lampes à arc. Souvent pendant le montage et toujours après, avant que les lampes ne soient placées et que la machine n'y soit rattachée, il faut rechercher s'il n'y a pas court circuit ou dérivation à la terre. Quand le conducteur est en bon état, le galvanomètre ne doit pas donner de dérivation dans les cas suivants : quand on cherche s'il y a court circuit, les deux pôles du galvanomètre étant reliés aux deux conducteurs; quand on recherche s'il y a dérivation à la terre, l'un des pôles du galvanomètre étant relié à un conducteur communiquant avec la terre, et l'autre étant successivement mis en contact avec les deux conducteurs. Je ferai observer encore que, lorsqu'on recherche s'il y a court circuit, il est toujours nécessaire de mettre les lampes hors circuit à leurs montures, et, au besoin, de les ôter de ces montures ; qu'il est nécessaire aussi d'interrompre la communication avec la machine au moins à l'un des deux conducteurs. Pour rechercher s'il y a court circuit, cette dernière condition n'est pas absolument indispensable, mais elle facilite beaucoup le travail.

Dans l'essai de ces conducteurs, comme dans les essais déjà décrits (79), le principe est de diviser le conducteur en diverses parties et de localiser le défaut sur une étendue aussi petite que possible pour l'étudier plus attentivement. Après avoir inséré le galvanomètre sur le conducteur principal, de manière que le défaut soit accusé par la déviation, on sépare les divers conducteurs secondaires, un à un, au moyen des interrupteurs ou en ôtant du conducteur principal les fils fusibles des appareils de sûreté. Après avoir interrompu chaque communication, il faut examiner le galvanomètre; quand le conducteur principal est très étendu, on insère le galvanomètre, selon le besoin, en divers endroits du conducteur. Quand il ne se produit plus de déviation du galvanomètre, le défaut se trouve dans le conducteur secondaire que l'on a ouvert en dernier lieu; c'est là qu'il faut recommencer l'essai. Quand il n'y a pas d'interrupteur ou d'appareil de sûreté sur le conducteur secondaire défectueux, il faut couper le conducteur en quelques endroits facilement accessibles, jusqu'à ce que le défaut ait été localisé sur une étendue suffisamment courte pour que l'on puisse y opérer les essais minutieusement. Souvent le défaut se trouve dans les conducteurs qui vont aux lampes; il faut quelquefois les séparer du conducteur principal. Si au contraire la déviation du galvanomètre ne cesse pas de se produire, lorsque tous les conducteurs secondaires ont été séparés du conducteur principal, on est parfois obligé de diviser ce dernier en parties plus courtes. Un opérateur exercé ne pourra guère manquer de découvrir bientôt les endroits défectueux.

Dans la plupart des cas, l'essai au galvanomètre conduira très simplement au but. Pour exécuter l'essai avec le courant de la dynamo, lorsque celle-ci a environ 100 volts de tension aux bornes, comme les dynamos dont on sert ordinairement pour l'éclairage par incandescence, il peut se produire des étincelles et même de fortes décharges, quand on ferme les circuits; il faut être prudent. Dans le cas, par exemple, où l'on recherche s'il y a dérivation à la terre, on se sert d'une lampe à incandescence, comme indicateur intermédiaire, s'il jaillit de trop fortes étincelles quand on touche directement le conducteur avec un fil métallique relié à la terre. On fait communiquer avec la terre un des pôles de la lampe et l'autre avec le conducteur; l'incandescence de la lampe accuse la présence d'un défaut; de même que dans l'essai avec le

galvanomètre, on sépare du conducteur principal les divers
embranchements les uns après les autres ; je veux dire qu'on
les sépare du conducteur sur lequel n'est pas placée la lampe
communiquant avec la terre. Je suppose qu'au commencement de l'essai, on ait mis en circuit tous les conducteurs
secondaires : si la lampe s'éteint, le défaut doit se trouver dans
le conducteur secondaire que l'on a ouvert en dernier lieu.
Dans les établissements où l'on a des appareils de sûreté sur
les deux conducteurs, il y a un moyen très simple de découvrir si un circuit de bifurcation présente une dérivation à
la terre. Le voici :

Au moyen d'un fil métallique, on produit artificiellement
une dérivation à la terre sur le conducteur principal, c'est-à-
dire sur le conducteur qui n'est pas défectueux et qui donne
de fortes étincelles quand on le touche avec un fil relié à la
terre. On insère sur ce fil servant à l'essai un appareil de
sûreté dont le fil fusible est plus épais que celui des conducteurs secondaires ; au moyen de cet appareil de sûreté, on
empêche le court circuit de durer trop longtemps dans la
machine, dans le cas où la dérivation à la terre se trouve dans
le conducteur principal. Lorsque le circuit secondaire présente
un défaut, ce défaut s'accuse par la fusion du fil de sûreté.
Il est évident que cet essai ne doit se faire que pendant le
jour et à un moment où l'appareil ne fonctionne pas.

Accumulateurs.

85. Observations générales. Les accumulateurs, ou piles
secondaires, servent à accumuler du travail électrique. Le
courant que l'on amène pour charger l'appareil produit dans
l'élément de l'accumulateur une transformation chimique ;
quand on décharge l'élément, le phénomène chimique inverse
produit un courant électrique.

Dans chaque élément d'accumulateur on distingue trois

parties principales : les électrodes, le récipient et le liquide.
Les électrodes représentés par E dans la figure 95 se composent d'un assez grand nombre de plaques positives et de
plaques négatives, placées les unes à côté des autres, de telle

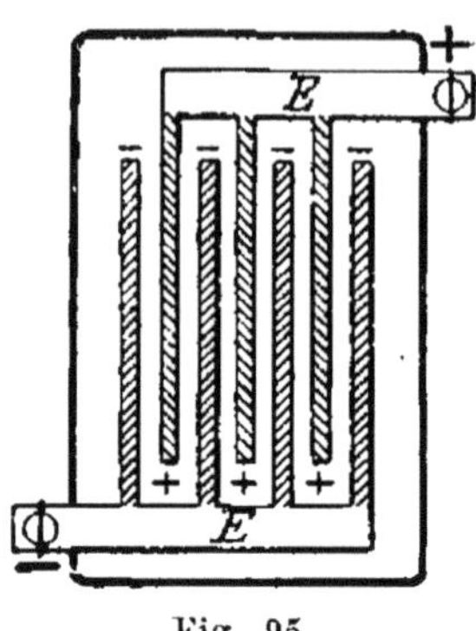

Fig. 95.

sorte qu'il y ait toujours une plaque
positive entre deux plaques négatives;
les plaques de même nom communiquent entre elles. L'écartement des
plaques est assuré par des couches intermédiaires non conductrices; généralement, les électrodes sont réunies en
un tout par la même matière isolante.
L'auge, du moins son revêtement extérieur, se compose d'une matière non
conductrice et non attaquable par l'acide. Le liquide dont
on se sert presque exclusivement est l'acide sulfurique
étendu.

Les accumulateurs servent surtout pour l'éclairage électrique et pour le transport de la force ; dans ce qui suit, nous
ne nous occuperons que de la première de ces applications;
néanmoins, il faut mentionner que la plupart des règles suivantes concernent également les autres usages.

Dans l'emploi des accumulateurs pour l'éclairage électrique, on distingue deux cas : généralement avant de décharger les accumulateurs, on les sépare de la dynamo ; ils travaillent donc pendant que le moteur se repose. Il est rare que
l'on se serve simultanément de la dynamo et des accumulateurs pour alimenter les lampes ; on a ainsi un moyen de
compenser les variations de courant provenant de l'irrégularité de la marche du moteur. Ce moyen n'est cependant
applicable que quand les variations de courant sont faibles,
comme celles, par exemple, qui se reproduisent à chaque coup
de piston, lorsque les machines motrices fonctionnent inégalement. Par contre on ne peut compenser ainsi les grandes

variations qui se produisent dans le courant lorsque le travail à effectuer par le moteur varie.

Ce que nous venons de décrire, c'est ce qu'on appelle l'élément de l'accumulateur ; un ensemble d'éléments communiquant ensemble d'une façon systématique s'appelle une batterie.

86. Divers modes d'assemblage des accumulateurs. Le nombre des éléments à mettre en série dépend de la tension des lampes à alimenter. Si l'on admet que la tension la plus faible qui se produise pendant la décharge soit de 1,9 volt par élément, on trouve le nombre des éléments à mettre en série en ajoutant à la tension des lampes la perte de tension du conducteur et en divisant par 1,9 ; si par exemple une batterie d'accumulateurs est destinée à produire 100 volts de tension, il faut mettre en série $\left(\dfrac{100}{1,9}\right)$ 53 éléments. Il est prudent d'avoir toujours quelques éléments en réserve, mais sans liquide.

La manière de mettre en série les éléments d'accumulateur peut s'expliquer par le même schéma (fig. 96) que celui qui s'applique à la manière de mettre en série les lampes à arc ; les cercles de la figure 96 correspondent dans le cas actuel aux

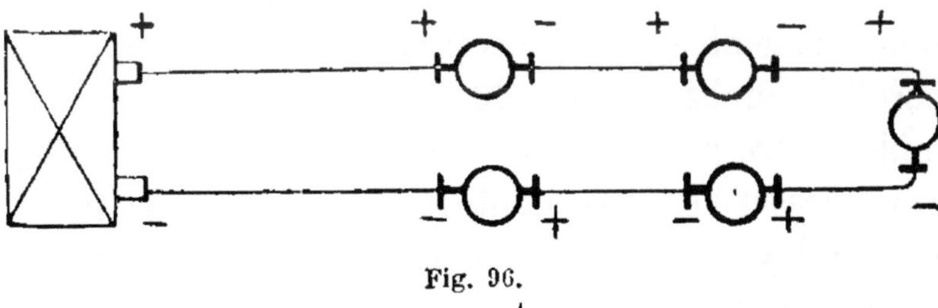

Fig. 96.

éléments. On réunit ces éléments entre eux par leurs pôles de noms contraires, de sorte qu'aux bouts de la série il reste un pôle positif et un pôle négatif libres ; ce sont là les pôles de la batterie. On rattache le pôle positif de la batterie au pôle positif de la machine et le pôle négatif de la batterie au pôle négatif de la machine. Il faut toujours avoir soin de vérifier si les pôles de la dynamo sont bien désignés (voir 8).

Les pôles des accumulateurs sont quelquefois désignés par les signes + et — ; souvent les pôles + sont marqués d'un trait rouge, les pôles — d'un trait noir. Pour la décharge, le nom des pôles des accumulateurs a la même signification que le nom des pôles des machines électriques. Pour faire fonctionner des lampes à arc, par exemple, le pôle positif de la batterie doit être relié aux pôles positifs des lampes : dans les grands établissements on réunit deux ou plusieurs éléments par leurs pôles de même nom, de manière à les assembler en arc parallèle (fig. 97), et l'on met en série les élé-

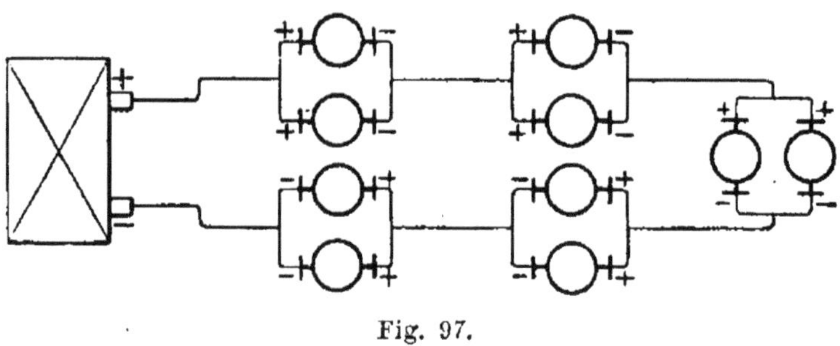

Fig. 97.

ments ainsi réunis ; les éléments montés en arc parallèle doivent alors être traités comme un seul élément. D'ordinaire ce mode d'assemblage est plus pratique que l'assemblage en arc parallèle multiple (voir 40 *d*) ; dans ce dernier cas, on assemble en arc parallèle, comme le montre la figure 98, plusieurs rangées d'éléments montés en série ; dans chaque série, il faut qu'il y ait le même nombre d'éléments, lorsqu'on charge et lorsqu'on décharge.

87. Montage des accumulateurs. Je renvoie en première ligne aux instructions données par les fabricants, car il y a des appareils construits d'après des principes bien différents ; dans ce qui suit il ne peut donc être question que d'indications tout à fait générales.

Le local où l'on installe les accumulateurs doit être sec et avoir une température uniforme, pas trop haute ; des sous-sols secs conviennent parfaitement pourvu qu'ils soient assez clairs, ce qui est utile pour qu'on puisse entretenir facilement les appareils. Ce local doit se trou-ver, s'il est possible, au voisinage de la machine électrique ; toute-fois, il ne faut pas mettre les accumulateurs dans le local même des machines, car le dé-gagement de gaz, quand on finit de charger, peut entraîner un peu de vapeurs acides dans l'air. C'est encore pour cette raison qu'il faut aux accumu-lateurs un local spécial, bien aéré.

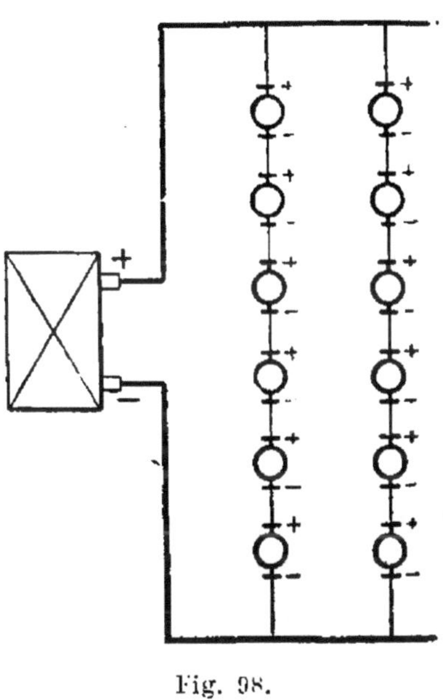

Fig. 98.

En montant la batterie, il faut avoir grand soin de l'isoler. En conséquence on isole les diverses auges les unes par rap-port aux autres ; selon la matière dont elles sont fabriquées, on les place sur de la sciure de bois sèche ou sur des bâtons triangulaires en bois goudronné ou en porcelaine ; pour les auges en verre, par exemple, on prend de la sciure de bois. Lorsque les auges sont mises en série, il y a entre elles un intervalle d'environ 3 centimètres ; on a réservé cet espace, d'une part, pour qu'elles soient mieux isolées et pour qu'on puisse les nettoyer plus commodément, d'autre part pour pouvoir enlever plus facilement les éléments défectueux et les remplacer par de nouveaux. Pour le même motif il ne faut pas mettre en série plusieurs rangées d'auges ; il vaut mieux monter plusieurs rangées les unes au-dessus des au-tres, mais en ayant soin de laisser entre ces rangées un es-pace suffisant.

Avant de mettre les électrodes dans les auges, il faut que celles-ci soient bien nettoyées ; il faut aussi examiner s'il ne se trouve pas de corps étrangers entre les plaques et si ces plaques sont partout à la même distance les unes des autres, afin d'éviter les courts circuits. On fait ensuite communiquer entre elles les électrodes des divers éléments (voir 86) ; avant de mettre les électrodes dans les auges, il faut décaper complètement les surfaces de contact, au moyen d'un linge enduit d'émeri.

On n'introduit le liquide qu'après tout le reste. L'acide sulfurique étendu dont on se sert ici se compose d'environ 9 volumes d'eau et 1 volume d'acide sulfurique commercial. L'eau doit être très propre et aussi peu calcaire que possible ; il y a lieu de recommander l'emploi de l'eau distillée. Quant à l'acide sulfurique, il doit être chimiquement pur ; il faut l'acheter dans une bonne maison, en formulant expressément cette condition. On prépare, autant qu'il est possible, dans une même opération, le liquide pour toutes les auges : on verse l'acide sulfurique dans l'eau lentement, en remuant le mélange avec une baguette de verre. Il ne faut jamais verser l'acide sulfurique dans l'eau. Le liquide s'échauffe pendant qu'on opère le mélange ; avant de le verser dans les auges, il faut le laisser complètement refroidir. D'ordinaire, pour indiquer le rapport de mélange des liquides, les fabricants donnent la densité ; pour mesurer la densité, on se sert d'un aréomètre (voir 89, dernier alinéa).

88. Machines électriques. Le meilleur moyen de charger les accumulateurs est de se servir de machines en dérivation ou de machines à enroulement mixte ; les machines en circuit direct ne conviennent pas ici, à moins que leurs inducteurs ne soient excités par une seconde machine. La tension maxima que puisse atteindre la machine doit être un peu supérieure à la tension maxima de la batterie d'accumulateurs pendant la charge. Cette tension de la batterie est d'environ

2,5 volts par élément ; on trouve donc la tension de la batterie en multipliant par 2,5 le nombre des éléments montés en série.

Comme la tension des accumulateurs augmente progressivement pendant la charge, il faut, pour régler la machine, avoir toujours un régulateur sur son circuit dérivé.

89. Appareils et leurs modes d'assemblage. La figure 99 est le schéma de l'assemblage pour l'alimentation de lampes à

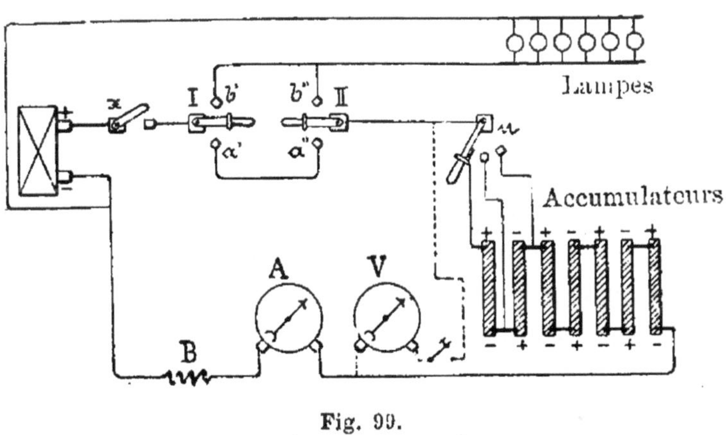

Fig. 99.

incandescence. Les lampes peuvent être reliées avec les accumulateurs, avec la machine, ou avec les deux simultanément ; en outre, il est possible derelier la machine avec les accumulateurs seulement.

L'un des pôles de la machine est relié directement aux accumulateurs et aux lampes ; l'autre à l'interrupteur automatique x. Cet appareil interrompt automatiquement le circuit lorsqu'il survient un changement dans le sens du courant. Au moyen du commutateur I, dont la manivelle se rattache au conducteur de la machine, on relie à cette machine les accumulateurs (contact a) ou les lampes (contact b). Le commutateur II se rattache de la même manière au conducteur des accumulateurs et permet de relier ces derniers soit à la machine (contact a'') soit aux lampes (contact b''). Il va sans dire qu'on se servira en même temps de ces commutateurs pour interrompre les circuits. L'appareil u sert à mettre en circuit, selon le besoin, un nombre d'éléments plus ou moins grand ; en effet, au fur et à mesure que la batterie se décharge, la tension aux pôles diminue ; il faut insérer peu à peu de nouveaux éléments. Ce dernier appareil doit être construit de telle sorte que, lorsqu'on met des éléments en circuit ou hors circuit, il ne puisse se produire ni court circuit aux pôles, ni interruption du circuit ; c'est ce qui peut être réalisé par la combinaison de deux leviers avec une résistance. On peut remplacer l'appareil u par un régulateur placé sur le circuit des accumulateurs : on diminue la résistance au fur et à mesure de la décharge. L'appareil de sûreté, B, qui se trouve dans le circuit des accumulateurs, interrompt automatiquement le circuit, quand l'intensité dépasse la limite tolérable. — D'autre part on ne peut éviter de se servir de l'ampère-mètre, A, car on a besoin de contrôler l'intensité du courant pendant la charge comme pendant la décharge. Il est très commode de pouvoir reconnaître la direction du courant au moyen de l'ampère-mètre. Le volt-mètre V, qui est relié aux pôles de la batterie, donne des renseignements certains sur l'état de la charge ; il doit toujours être muni d'un interrupteur, sinon le courant y passerait continuellement. Il est préférable de remplacer cet interrupteur par un commutateur permettant de relier le volt-mètre aux pôles de la batterie et aux pôles de la machine, pour pouvoir mesurer la tension aussi bien aux pôles de celle-là qu'aux pôles de celle-ci.

Le volt-mètre susdit doit être disposé de telle sorte qu'on puisse de temps en temps mesurer la tension aux pôles des divers éléments d'accumulateurs ; s'il ne l'est pas, on se sert d'un appareil construit spécialement pour cet usage. On peut aussi déterminer où en est la charge des éléments en déterminant la densité du liquide au moyen d'un aréomètre. L'aréomètre se compose d'un tube de verre, chargé à son extrémité inférieure et flottant verticalement dans le liquide; il s'enfonce plus ou moins, selon la densité de ce dernier; le tube porte une échelle sur laquelle on lit la densité du liquide; elle est donnée par le nombre qui se trouve au point d'affleurement. Certains instruments donnent la densité telle quelle; d'autres donnent des degrés correspondants, par exemple des degrés Baumé.

90. Chargement des accumulateurs. Voici les règles principales qu'il faut observer. On commence par mettre la machine en marche; on ne place les accumulateurs sur le circuit que quand la machine a atteint sa vitesse normale. A la fin de la charge, on commence par mettre les accumulateurs hors circuit; ensuite, mais seulement ensuite, on diminue la tension aux pôles de la machine et on débraye celle-ci.

Avant de charger les accumulateurs pour la première fois, il faut toujours examiner si les pôles de la machine sont exactement désignés (voir 8) et s'ils sont reliés comme il faut (voir 86) aux pôles de la batterie. Une fois cela fait, on remarque quelle est la pièce polaire électrisée positivement ou négativement : plus tard, il suffit de vérifier avec une boussole s'il n'est pas survenu de renversement· de pôles, mais après avoir vérifié si la boussole fonctionne bien (voir 8).

Pendant la charge il faut maintenir l'intensité aussi uniformément que possible à la hauteur normale pour la batterie; il ne faut jamais charger avec trop d'intensité. Dans ce dernier cas, les éléments s'échaufferaient trop; la plus haute température que l'on puisse tolérer dans les éléments est d'environ 25 degrés centigrades. En chargeant avec trop peu d'intensité, on prolonge inutilement la durée de l'opération. Au commencement de la charge, la tension aux pôles des divers éléments est d'environ 2,2 volts; la tension s'élève ensuite peu à peu et vers la fin elle monte rapidement à 2,5 volts. On règle donc la tension à la machine pendant la charge, en raison de l'augmentation de tension de la batterie.

Les accumulateurs nouvellement montés doivent être chargés jusqu'à saturation complète ; à cet effet, on continue à charger jusqu'à ce qu'il y ait un vif dégagement de gaz dans les éléments. Plus tard il est utile de charger à fond, de temps en temps. Pendant la marche normale, on charge jusqu'à ce qu'il se produise un dégagement de gaz modéré ; il ne faut jamais restreindre trop la durée de la charge ; autrement, les éléments s'épuiseraient trop pendant la décharge ultérieure.

Les éléments qui se sont déchargés uniformément sont les seuls que l'on puisse charger pendant un même laps de temps. Lorsque, au contraire, pendant la décharge, quelques éléments ont fonctionné moins longtemps, on met tous les éléments en circuit au commencement de la charge ; puis, lorsque la saturation commence, on met hors circuit les éléments les moins épuisés.

Lorsque les récipients des électrodes sont hermétiquement fermés, il faut, au moment de charger, les ouvrir, par exemple en ôtant un bouchon.

91. Décharge des accumulateurs. L'intensité du courant ne doit jamais dépasser la limite normale. Au commencement de la décharge, la tension est d'environ 2 volts par élément ; elle diminue ensuite peu à peu ; la diminution ne devient rapide que quand les éléments commencent à s'épuiser. La limite de la décharge doit être indiquée par une tension polaire de 1,9 volt par élément ; jamais les éléments ne doivent être épuisés à tel point que la tension aux pôles descende jusqu'à 1,8 volt, car lorsque l'épuisement est trop profond, la durée des éléments est compromise.

Pour maintenir longtemps constante la tension aux pôles d'une batterie, il faut avoir un régulateur au moyen duquel on diminue peu à peu la résistance, ou bien mettre en circuit peu à peu de nouveaux éléments au moyen de l'appareil u (fig. 99); il faut cependant s'arrêter avant d'avoir dépassé la limite pratique d'épuisement des éléments mis en circuit pendant toute la durée du fonctionnement.

Lorsque le système des accumulateurs représente, par exemple, 100 volts, on ne met pas en série plus de 53 éléments (voir 86) en se servant d'un régulateur. Lorsqu'on emploie l'appareil u et lorsqu'on a en série, au commencement de la décharge, 48 à 50 éléments, on ajoute peu à peu des éléments pendant la marche ; cependant, même dans ce dernier cas, il ne faut jamais mettre en série plus de 53 éléments, car alors on a environ 1,9 volt par élément et l'on atteint ainsi la limite pratique d'épuisement des éléments.

92. Entretien des accumulateurs. Il faut avoir grand soin d'entretenir la propreté des accumulateurs et de veiller à ce que les contacts aux pôles soient bien assurés. Lorsque, sur la batterie ou à son voisinage, il se trouve des pièces en laiton ou en cuivre, on les enduit d'huile lourde de pétrole, pour les empêcher d'être détruites par l'acide. Lorsque le liquide baisse dans les éléments par suite d'évaporation, il ne faut verser que de l'eau pure, jamais d'acide. Quand il y a des auges qui ne sont pas étanches, on les remplace promptement.

Tous les éléments d'une batterie doivent être également en bon état ; le meilleur moyen de le constater, c'est d'examiner si, après avoir été chargés dans des conditions identiques, ils ont la même tension aux pôles. Il est donc utile de mesurer chaque jour la tension aux pôles des divers éléments. J'ai indiqué plus haut (90 et 91) la hauteur de la tension pendant la charge et pendant la décharge. La tension d'un élément qui n'est pas en circuit est d'environ 2,2 volts. En outre, la densité du liquide dans les éléments renseigne sur l'état de ceux-ci ; la densité, en effet, est à son maximum, quand les éléments sont complètement chargés ; elle diminue pendant la décharge, et sa diminution est à peu près proportionnelle à la diminution de l'intensité du courant. Pour mesurer la densité des liquides on se sert, comme je l'ai déjà dit plus haut (voir 89), de l'aréomètre.

Quand, au commencement de la décharge, un des éléments présente une moindre tension polaire que les autres, on met cet élément hors circuit, et on le réserve pour le remettre en circuit à l'occasion pendant la charge de la batterie ; on interrompt les communications de cet élément avec les éléments voisins et on réunit les pôles de ces derniers dans une boucle en fil métallique. En pareil cas, il est très utile d'avoir quelques éléments de réserve rattachés à l'appareil u, pour pouvoir les mettre à la place de l'élément défectueux. Quand la tension polaire d'un élément a baissé au-dessous de la tension normale, on ne peut se dispenser de rechercher rigoureusement la cause de ce phénomène : après avoir enlevé les électrodes de l'auge on les lave à l'eau pure et l'on recherche s'il n'y a pas court circuit entre les plaques. On monte cet élément et on le charge jusqu'à saturation.

Après un long usage, une ou deux fois par an par exemple, il faut nettoyer à fond tous les éléments : on renouvelle le liquide et on lave les électrodes à l'eau pure. On suit du reste les règles données plus haut pour le montage (87).

Quand les accumulateurs doivent rester longtemps sans servir, il faut les charger complètement. D'autre part il est bon de les charger, de deux semaines en deux semaines, jusqu'à saturation. Il faut traiter de même les éléments de réserve dont on se sert peu, dans le cas où ils sont remplis de liquide. Avec ces précautions, les accumulateurs peuvent rester longtemps sans se détériorer.

Transport de la force.

93. Observations générales. — Le travail mécanique fourni par un moteur se transforme en courant électrique dans la machine primaire; inversement, dans la machine secondaire, le courant électrique se transforme en travail mécanique. La machine primaire, celle qui produit le courant, se trouve au point de départ de la force et est actionnée par le moteur qui y est installé; quant à la machine secondaire, celle qui produit la force, on l'installe à l'endroit, quel qu'il soit, où doit être utilisé le travail fourni par la source de force. Ces deux machines sont reliées ensemble par les conducteurs.

L'effet utile d'un transport de force est de 50 % en moyenne, c'est-à-dire que l'on peut récupérer, dans la machine secondaire, la moitié du travail dépensé dans la machine primaire; dans les grands établissements, l'effet utile est d'environ 60 %, dans les petits il est environ de 40 %.

Pour le transport de la force, il faut veiller tout spécialement à ce que les isolements soient parfaits. Pour le montage des machines et pour l'installation du conducteur, on se conformera aux règles générales données plus haut. Pour réunir ici les recommandations spéciales, il faudrait augmenter considérablement le contenu de cet opuscule. Du reste, les personnes qui auront à organiser un transport de force n'auront qu'à s'adresser aux fabricants, chargés de l'installation, pour avoir tous les renseignements nécessaires.

Galvanoplastie.

94. Observations générales. Souvent les personnes chargées d'installer l'éclairage électrique reçoivent par surcroît la mission d'installer des machines pour produire des dépôts métalliques; il va sans dire qu'il faut en même temps mettre en place tous les appareils et les conducteurs. Voilà pourquoi j'ai résumé ci-dessous les renseignements spéciaux. Par contre, la préparation et la manipulation des bains pour galvanoplastie ne rentrent pas dans le cadre de cet opuscule.

Dans les établissements de galvanoplastie une propreté minutieuse est de rigueur ; il faut donc que toutes les parties de l'installation soient disposées de telle sorte qu'on puisse s'en approcher facilement pour les nettoyer.

95. Machines électriques. Généralement on emploie des machines en dérivation (voir 21) ; plus rarement des machines à deux prises de courant (voir 23) et des machines à enroulement direct (voir 20). On monte la machine aussi près des bains qu'il est possible, afin d'éviter l'installation de conducteurs trop longs et d'un diamètre exagéré.

Voici des règles applicables à la plupart des installations : Pour mettre les bains en circuit, on attend que la machine soit en marche et qu'elle ait aux pôles la tension normale ; on les met hors circuit pendant que la machine marche normalement. On évite ainsi l'effet de la polarisation des bains (renversement de courant) sur la machine au repos.

Pour le service de la machine, je renvoie aux règles générales que j'ai données plus haut. On aura grand soin de vérifier de temps en temps l'état de tous les contacts par vis, tant ceux du commutateur que ceux des inducteurs, car très souvent, si la machine fonctionne mal, c'est parce que les contacts sont défectueux.

96. Bains. On relie le pôle positif de la machine avec le métal à précipiter (anode), le pôle négatif avec l'objet à galvaniser (cathode). Pour ce qui concerne la direction du courant et la manière de désigner les pôles, voir 8.

a. *Bains en série.* Cette disposition (fig. 100) ne convient que quand tous les bains peuvent recevoir d'égales surfaces d'électrodes. L'intensité du courant à la machine est égale à l'intensité dans les bains ; la tension à la machine est égale à la somme des tensions dans les bains, plus la perte de tension dans le conducteur.

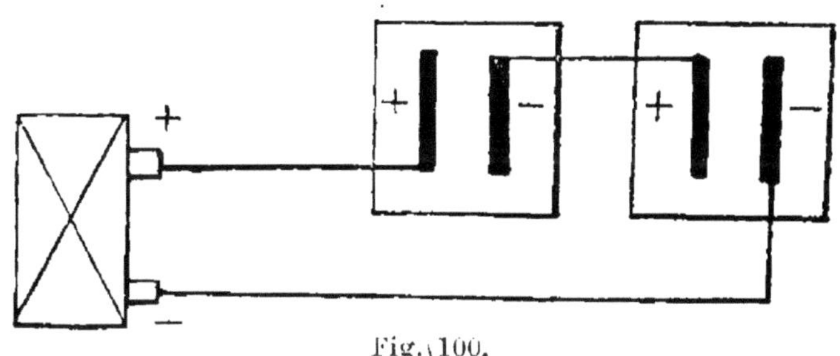

Fig. 100.

b. *Bains en arc parallèle.* C'est la disposition (fig. 101) la plus ordinaire pour un grand nombre d'usages, car ici la surface de l'objet peut être répartie à volonté dans les divers bains. L'intensité du courant à la machine est égale à la

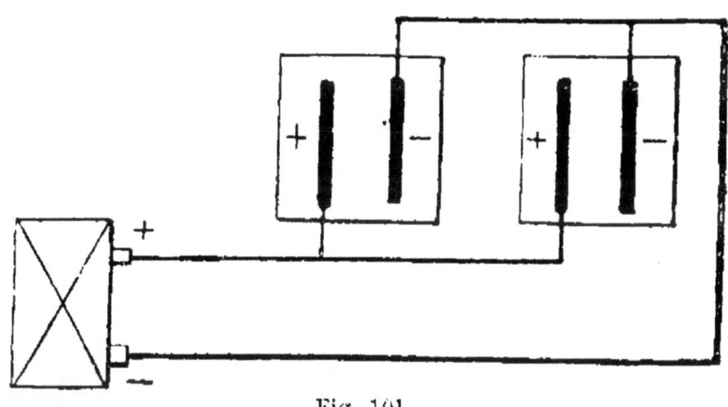

Fig. 101.

somme des intensités dans les bains ; la tension à la machine est égale à la tension dans les bains, plus la perte de tension dans le conducteur.

c. *Système mixte.* Ce système (fig. 102), vu sa complication, ne s'emploie que rarement. L'intensité à la machine est égale à la somme des intensités dans les bains en arc parallèle ; la tension à la machine est égale à la somme des tensions dans les bains en série, plus la perte de tension dans le conducteur.

97. Régulateur de courant. — a. *Régulateur de courant
à la machine.* Chaque machine doit être, autant que pos-

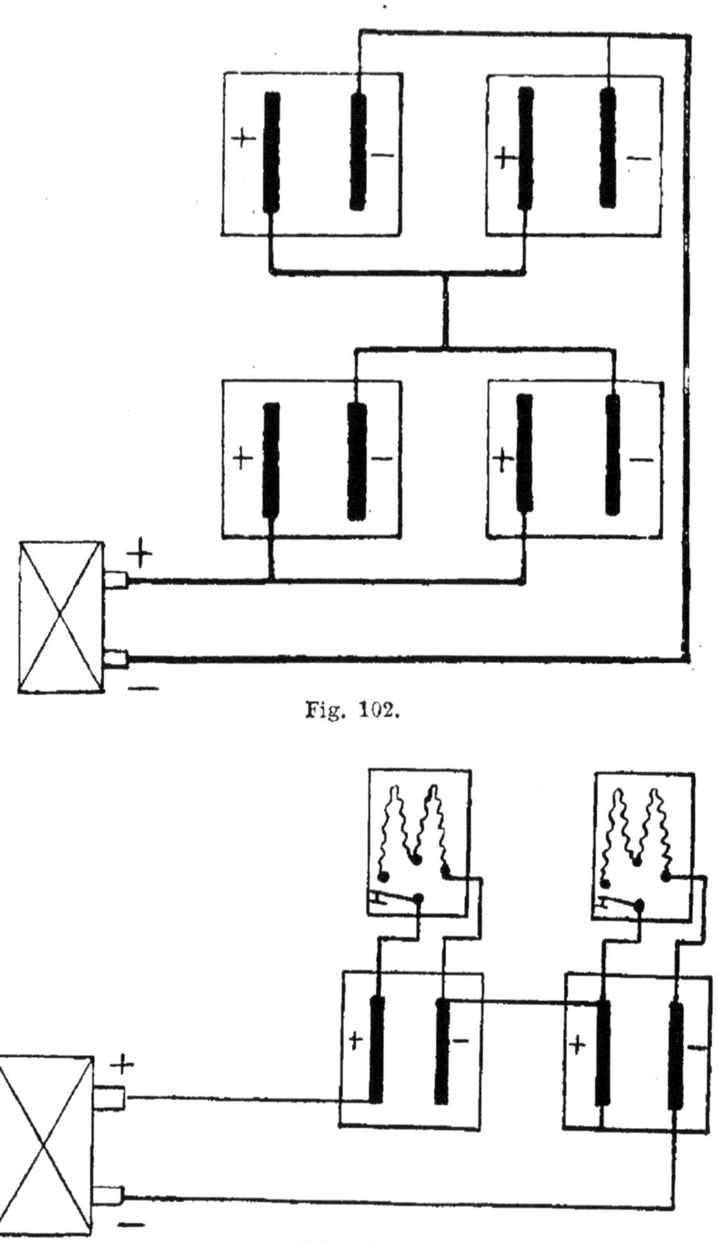

Fig. 102.

Fig. 103.

sible, munie d'un régulateur de courant. Quand les machines
sont en dérivation et quand elles ont deux prises de courant,

on insère ce régulateur sur le fil des inducteurs. Il est très rare qu'on puisse se servir d'un régulateur, avec les machines en série ; il faudrait le placer sur le circuit principal.

b. *Régulateur de courant, aux bains.* Il est rare qu'aux bains on place des régulateurs de courant ; on le fait quand les bains sont en série et que la surface des objets est inégale, ou quand on se sert de bains de nature différente disposés en arc parallèle. On ne peut employer les régulateurs que quand on peut supposer chez les personnes chargées du service de la galvanoplastie une intelligence suffisante pour la manipulation des appareils. Pour contrôler si les divers bains fonctionnent bien, il est absolument nécessaire de se servir d'un volt-mètre monté en arc parallèle aux pôles de ces bains (voir 99).

Pour se servir de bains disposés en série, lorsque les sur-

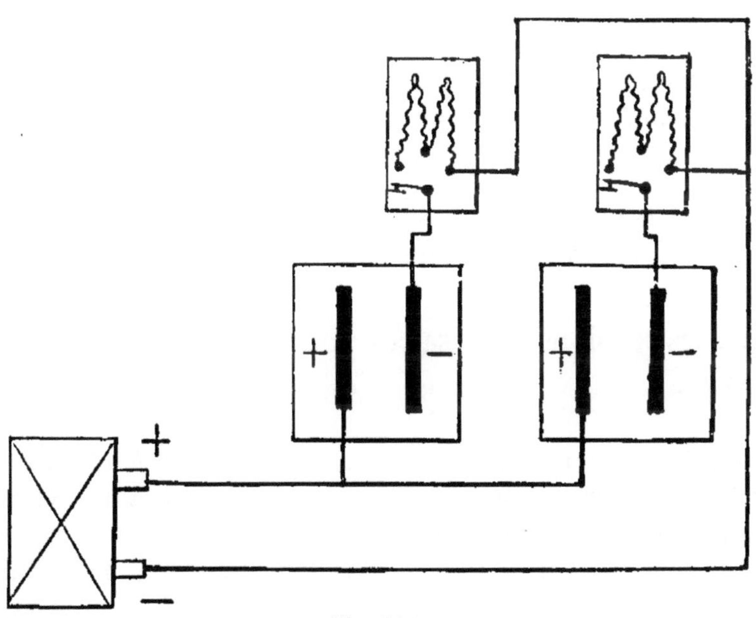

Fig. 104.

faces des objets sont inégales, il faut relier chaque bain, ou du moins chacun des bains qui doivent recevoir de petits objets, à un régulateur placé en dérivation. Dans le fonctionnement normal, lorsque les surfaces d'objets dans les bains sont égales, on met hors circuit les régulateurs. Lorsque l'un des bains a moins de surface d'objets, on lance une partie du courant dans le régulateur de ce bain, après avoir inséré plus ou moins de résistance, selon qu'il est nécessaire.

Quand des bains de diverse nature, en arc parallèle, doivent être simultanément desservis par une même machine, on insère un régulateur (fig. 104), en arrière de chacun de ces bains, sauf de celui qui exige la tension la plus élevée.

98. Ampère-mètre. L'emploi d'un ampère-mètre (voir 53) ne présente d'avantages spéciaux que pour les petites installations, et pour celles-ci on peut se servir d'appareils d'une construction très simple. Le praticien remarque où se trouve l'aiguille quand le dépôt métallique se fait très bien ; dès lors, il n'a plus qu'à maintenir les mêmes conditions de courant et de surface à galvanoplastie.

Dans les grands établissements, il n'est nécessaire d'avoir un ampère-mètre que quand on doit exercer un contrôle sur le travail accompli par la machine.

99. Volt-mètre. Si l'on veut obtenir de beaux précipités, il importe de maintenir la tension la plus favorable pour les divers bains.

Voici les tensions nécessaires pour divers bains de galvanoplastie :

Bain de cuivre, acide......................	0,5 à 1,75 volt,
Bain de cyanure de cuivre	2,5 à 4 volts,
Bain de nickelage pour le fer, le laiton et le cuivre................................	2 à 4 volts,
Bain d'argenture...........................	0,5 à 1 volt,
Bain pour dorer les fils...................	4 à 10 volts.

Ces indications laissent beaucoup de marge pour les variations de la tension dans les divers bains, ce qui tient à ce que cette tension dépend de la composition et du degré de concentration du liquide, ainsi que de l'écartement des plaques. La règle pour le praticien est de trouver par des essais la tension la plus favorable pour son bain et de maintenir cette tension pendant toute la durée du travail.

On relie l'ampère-mètre, en arc parallèle, aux pôles des bains et non aux pôles de la machine. Lorsque l'on a plusieurs bains voisins les uns des autres et reliés en arc parallèle, on rattache l'appareil au bain du milieu ou au conducteur entre deux bains. Lorsque la perte de tension dans le conducteur entre les bains n'est pas négligeable, on se sert d'un commutateur pour relier l'ampère-mètre aux divers bains, par l'intermédiaire de fils isolés, d'un petit diamètre, attachés aux pôles de tous les bains, ce qui permet de faire passer le courant dans tel ou tel bain selon qu'on le désire. — Lorsqu'on a des bains disposés en série, on relie également l'ampère-mètre à ces bains par un commutateur.

100. *Interrupteurs.* Quand on se sert d'interrupteurs en galvanoplastie, il faut se souvenir que, l'intensité nécessaire étant généralement considérable, les mauvais contacts et l'échauffement de l'appareil, qui en résulte, peuvent provoquer des pertes de travail relativement considérables. Par conséquent, il est généralement antiéconomique de mettre des interrupteurs sur le conducteur principal ; mais on doit quelquefois en employer quand on met des bains en arc parallèle sur les conducteurs secondaires ou sur une partie de ces conducteurs. Pour la manipulation des interrupteurs, voir les règles données plus haut (58, dernier paragraphe).

101. **Conducteurs.** Pour le calcul des conducteurs, on admet ici également (voir 82) que la perte de tension ne peut dépasser 10%. Les conducteurs sont généralement en fil de cuivre nu ou en tiges de cuivre.

Les soudures des assemblages de conducteurs doivent être faites avec un soin tout particulier, car les contacts défectueux produisent d'importantes pertes de travail.

Dans les locaux secs, les conducteurs peuvent être fixés directement sur des supports en bois. Cependant les boutons isolants ont meilleur aspect et durent plus longtemps.

On fait passer les conducteurs, s'il est possible, le long des murs, à une hauteur de 1 mètre à 1^m,5 environ au-dessus du sol, de manière qu'on puisse les atteindre facilement pour les nettoyer.

Appendice.

102. Préparatifs du montage. La personne chargée d'organiser une installation électrique doit commencer par passer en revue les objets à monter. Ils doivent être dans une armoire sèche et fermant bien. En déballant les appareils et les ustensiles, on examine s'ils sont en bon état et on les place les uns à côté des autres pour vérifier, à l'aide de la liste qu'on se fait remettre, s'ils sont bien au complet. On fera bien d'avoir soi-même une liste des objets dont on se sert ordinairement pour les montages, afin de reconnaître rapidement et certainement tout ce qui pourrait manquer. Le cas échéant, on réclame aussitôt à l'entreprise d'installation ce dont on a besoin.

Avant le commencement des travaux, on parcourt tout l'établissement, en compagnie du client ou de son représentant, et on compare les locaux avec le plan d'installation; pendant cette visite on se renseigne sur les conditions à remplir, sur les desiderata auxquels il faut satisfaire et, au besoin, on renseigne le client sur le mode d'exécution.

103. Auxiliaires. On met généralement des auxiliaires à la disposition de la personne chargée de monter les appareils. Ces auxiliaires sont, selon les circonstances, des serruriers, des maçons, des charpentiers et des ébénistes. On fait en sorte d'adjoindre spécialement au monteur un ouvrier serrurier, et l'on prend autant que possible celui qui doit être chargé de faire marcher les appareils électriques; on lui fournit ainsi l'occasion de connaître tous les détails du système conducteur, ce qui lui permettra de faire plus facilement ensuite les réparations ou les petits agrandissements. Il est de l'intérêt du monteur d'indiquer tous les tours de main à cet auxiliaire et de lui enseigner la manipulation des machines et des appareils; c'est le moyen d'éviter que, plus tard, au moindre dérangement, celui-ci s'adresse au fournisseur et parfois fasse mal juger l'installation.

Avant de commencer le travail, il faut le répartir nettement entre les divers ouvriers, de façon que ceux-ci ne se gênent pas réciproquement. Il faut avoir soin de percer les murs et de mettre les tampons assez à temps pour ne pas arrêter les travaux. Moyennant ces diverses précautions, l'installation se fait plus promptement.

104. Caisse à outils et à matériaux. La personne qui fait ordinairement les installations pour une maison devra se faire une liste des instruments et ustensiles nécessaires pour son travail et s'assurer qu'il n'y manque rien chaque fois qu'elle sera sur le point de partir en voyage.

Voici la liste des objets qui doivent se trouver dans une boîte bien montée.

1 clé anglaise,
1 série de clés (à écrous),
1 chasse-coin,
1 série de limes : plates, triangulaires et rondes, les unes fines, les autres à gros grain.
1 brosse à limes,
1 grattoir,
1 ciseau plat,
1 bec d'âne,
1 série de ciseaux de tailleur de pierre,
1 mèche fine pour sonder les murs,
1 poinçon (de maçon),
1 série de vrilles et mèches à bois,
1 râpe à bois,
1 scie à couteau,
1 scie montée,
1 ciseau de menuisier,
1 ciseau étroit,
1 ciseau à ébaucher,
1 gouge,
1 vilebrequin,
1 arçon avec l'archet, la mèche et la conscience,
1 filière à tarauder les tuyaux de gaz,
1 pince à couper,

1 pince plate,
1 pince ronde,
Des tenailles,
1 étau à main,
1 paire de mouflettes avec corde de chanvre et 2 outils forme grenouille,
1 série de tourne-vis,
1 grand marteau,
1 petit marteau,
1 grand fer à souder,
1 petit fer à souder,
1 lampe à souder,
1 fausse équerre,
1 niveau à bulle d'air,
1 fil à plomb,
1 compas à pointes sèches,
1 compas à branches courbes,
1 compas d'épaisseur,
1 mètre pliant,
mètre à ruban,

1 compte-tours,
1 verre foncé pour regarder les lampes à arc,
1 galvanomètre,
1 élément de pile,
20 à 100 mètres de fil conducteur isolé, de 1 millimètre de diamètre,
10 à 50 mètres de corde conductrice, isolée au moyen de gutta-percha,
Étain à souder,
Chlorhydrate d'ammoniaque,
1 bouteille d'acide,
1 bouteille d'esprit-de-vin,
Chiffons, émeri,
1 série de papiers de verre,
Ruban à isoler,
Petits organes de rechange pour machine et lampes : vis, pointes, substances isolantes, etc.

105. Prescriptions imposées par les sociétés d'assurance contre l'incendie aux établissements éclairés par l'électricité. Un assez grand nombre de sociétés particulières, allemandes et suisses, d'assurance contre l'incendie, a formulé les règles suivantes, en se réservant de les modifier d'après les progrès de l'industrie. Il faut toujours s'y conformer quand on installe l'éclairage électrique.

PRÉCAUTIONS

POUR LES ÉTABLISSEMENTS ÉCLAIRÉS PAR L'ÉLECTRICITÉ.

1. *En ce qui concerne les machines pour l'éclairage électrique.*

On ne doit jamais installer les machines électriques dans des locaux où, pendant le fonctionnement, il se produit soit des gaz, soit des vapeurs combustibles, ni dans ceux où des poussières ténues de corps solides peuvent se trouver dans l'air en nuages épais, et où par conséquent elles peuvent former des mélanges explosibles.

En tout cas les machines électriques doivent être montées sur un support incombustible, assez grand pour recevoir, jusqu'à une distance horizontale de 30 centimètres à partir du commutateur, les parcelles incandescentes de métal qui peuvent se détacher des balais; il est permis cependant de placer un support isolant de bois entre la machine et le support incombustible.

2. En ce qui concerne le conducteur du courant qui sert à la production de la lumière électrique.

Les fils conducteurs partant des machines et des appareils électriques doivent, jusqu'à une hauteur de 3 mètres au-dessus du sol, être pourvus d'un excellent isolement; il en est de même pour tous les fils dont la hauteur par rapport au sol est inférieure à 3 mètres.

Tous les fils des conducteurs principaux et des conducteurs secondaires, à l'intérieur des bâtiments, doivent être fixés à des isoloirs en porcelaine ou être suffisamment isolés d'autre façon et être maintenus aux distances suivantes, les uns par rapport aux autres :

a. Le fil métallique nu, fixé à des isoloirs de porcelaine, ou suffisamment isolé d'autre façon, doit, quand il est parallèle à un autre fil ou qu'il en croise un autre, en être distant de 20 à 30 centimètres.

b. Le fil métallique isolé, c'est-à-dire bien protégé, sur toute sa longueur, par des matières non conductrices, doit ordinairement être distant de 5 centimètres de chaque fil parallèle; cependant 1 centimètre suffit, lorsque des fils parallèles sont solidement fixés dans des rainures de bois ou autrement, de manière qu'il leur soit absolument impossible de se rapprocher davantage. Ces prescriptions supposent que la section des fils soit proportionnelle à l'intensité du courant et que la différence maxima de tension dans les conducteurs parallèles ne dépasse pas 125 volts. Lorsque les courants ont une plus haute tension, l'écartement des fils doit être plus considérable; c'est surtout au croisement que les fils doivent être bien fixés, et ils doivent y être maintenus séparés par une couche solide, bien isolante, de matière non combustible, sur une étendue de 10 centimètres carrés au minimum, à moins que de deux fils se croisant l'un ne soit isolé par un corps en verre ou en porcelaine, ne pouvant changer de place.

9.

c. Dans les conducteurs de lampes à incandescence, ainsi que dans les conducteurs de lampes à arc, si ces lampes à arc brûlent en dérivation, il faut insérer dans le circuit un nombre de bouts de fil métallique facilement fusible, correspondant à l'importance de l'installation, à des points convenables, notamment partout où le courant passe d'un conducteur de grande section à un conducteur de petite section. Cette interposition de bouts de fil métallique doit être calculée de telle sorte que le fil fonde au passage d'un courant qui échaufferait considérablement le conducteur de petite section. Lorsqu'on a raccordé des fils isolés pour lampes à incandescence, il faut ensuite les souder soigneusement.

d. Il faut vérifier régulièrement si les contacts qui se trouvent dans le circuit sont bien serrés.

e. Pour les câbles et pour les fils conducteurs desservant les lampes, les écartements ne sont pas les mêmes que pour les fils isolés ; néanmoins ces câbles et fils de lampes doivent être bien isolés au moyen d'une matière non combustible.

3. *En ce qui concerne les lampes électriques.*

a. On ne doit pas installer de lampes dans des locaux où, pendant le fonctionnement, il se produit soit des gaz, soit des vapeurs combustibles, ni dans ceux ou des poussières ténues de corps solides peuvent se trouver dans l'air en nuages épais et où par conséquent elles peuvent former des mélanges combustibles.

L'emploi des lampes à arc est autorisé pour tous autres locaux ; toutefois, dans ceux où des objets facilement combustibles peuvent se trouver sous les lampes, de même que quand on travaille de semblables objets sous les lampes, celles-ci doivent être entourées de cloches ou de lanternes, complètement fermées en bas par un cendrier.

b. Les lampes à incandescence sont autorisées dans tous les locaux ; néanmoins, partout où, pendant le fonctionnement, il se produit soit des gaz, soit des vapeurs combustibles, ainsi que partout où des poussières ténues de corps solides peuvent se trouver dans l'air en nuages épais et où par conséquent elles peuvent former des mélanges combustibles, ces lampes doivent être entourées d'une cloche de verre très épaisse, à l'intérieur de laquelle doivent se trouver les contacts entre le conducteur et le pied de la lampe. On ne doit placer, dans ces locaux, aucun interrupteur de circuit, à cause des étincelles.

L'installation de l'éclairage électrique doit être faite sous la direction d'un spécialiste.

Quand on n'a ni machines électriques, ni moteurs, ni accumulateurs en réserve, les dispositions doivent être prises et les instructions données pour le cas où l'on serait obligé de recourir momentanément à un autre éclairage.

Extrait de l'ordonnance du Préfet de police concernant l'éclairage électrique dans les théâtres, cafés-concerts, et autres spectacles publics :

Paris, le 26 février 1887.

Nous, Préfet de police.

Vu la loi des...

Vu l'avis du Conseil d'hygiène publique et de salubrité de la Seine et celui de la Commission supérieure des théâtres ;

Considérant que l'emploi de la lumière électrique tend à se généraliser et qu'il y a lieu, pour prévenir les dangers d'incendie et assurer la sécurité du public, de soumettre ce mode d'éclairage à une réglementation spéciale lorsqu'il sera mis en usage dans les théâtres, cafés-concerts et autres spectacles publics,

Ordonnons ce qui suit :

CHAPITRE PREMIER.

Formalités préliminaires.

Article premier. — Toute personne voulant installer la lumière électrique dans un théâtre, café-concert ou autre lieu public soumis à notre autorisation, est tenue d'en faire la déclaration à la Préfecture de police.

Il sera joint à l'appui de la demande :

1º Un plan détaillé, en triple exemplaire, indiquant : l'emplacement des générateurs, des machines à vapeur, à gaz ou à air, des machines dynamo-électriques, des piles, des accumulateurs, et le tracé des conducteurs ;

2º Une note explicative sur les machines motrices, leur force en chevaux-vapeur, sur les machines dynamo-électriques et sur les lampes à arc ou à incandescence, leur nombre et leur pouvoir éclairant;

3° Un échantillon de chacun des fils ou câbles employés pour cet éclairage (3 mètres au moins).

Art. 2. — Les travaux ne pourront être commencés qu'après que l'Administration aura fait notifier au déclarant s'il y a ou non des modifications à introduire dans l'exécution des plans et projets déposés.

Art. 3. — La mise en usage de l'éclairage électrique ne pourra avoir lieu qu'après avis favorable de la Commission supérieure des théâtres, devant laquelle un éclairage d'essai sera préalablement fait.

Art. 4. — Après réception des appareils, aucune modification ne pourra être apportée à l'installation, sans l'accomplissement des mêmes formalités.

CHAPITRE II.

Chaudières, machines et conduits de fumée.

Art. 5. — Les machines à vapeur, les machines à gaz ou les machines à air actionnant les machines dynamo-électriques, et les foyers des machines à vapeur, ne pourront être placés dans les parties du local accessibles au public ou aux artistes.

Art. 6. — Les foyers des chaudières à vapeur et le combustible destiné à leur alimentation devront être placés dans des locaux distincts construits en matériaux complétement incombustibles, avec portes en fer, et séparés des autres dépendances de l'établissement par des murs en maçonnerie ainsi que par des voûtes ou des planchers en fer, hourdés de briques d'épaisseur suffisante.

Ces locaux seront convenablement ventilés, soit naturellement par des prises d'air débouchant hors des voies publiques, ou par des courettes suffisamment isolées des dépendances de l'établissement, soit par des moyens mécaniques, de telle sorte que la température ambiante ne dépasse jamais 40 degrés.

Art. 7. — On se conformera, pour l'installation des chaudières à vapeur, aux règlements d'administration publique en vigueur.

Art. 8. — Les conduits de fumée seront en briques d'une épaisseur et d'une section suffisantes pour l'importance des foyers qu'ils desservent. Ils seront toujours montés à 5 mètres en contre-haut des souches de cheminées voisines dans un rayon de 200 mètres.

Ces conduits de fumée devront être placés à l'extérieur des bâtiments, dans les cours ou courettes, à moins de dispositions particulières spécialement autorisées, après avis de la Commission supérieure des théâtres.

CHAPITRE III.

Piles, accumulateurs et machines dynamo-électriques.

Art. 9. — Les piles électriques, les accumulateurs, seront installés dans un local spécial bien ventilé et, dans le cas d'émission de vapeurs nuisibles, placés sous des hottes avec des cheminées d'appel entraînant les gaz et les vapeurs au-dessus des toits. Les acides et autres produits chimiques destinés à leur entretien seront enfermés sous clef et ne devront jamais rester à la disposition du personnel de l'établissement.

Art. 10. — Les machines dynamo-électriques seront placées dans un endroit sec, ne contenant aucune matière facilement inflammable. Elles seront montées sur un massif isolant et entourées d'une plate-forme tenue dans un état de propreté suffisant pour éviter tout accident aux personnes chargées du service de la surveillance.

Le service sera fait par des surveillants et des ouvriers expérimentés. Les précautions à prendre en vue de la sécurité seront inscrites sur un tableau affiché en vue des ouvriers.

CHAPITRE IV.

Câbles et fils conducteurs.

Art. 11. — Tous les conducteurs, dans la chambre des machines, seront solidement supportés, convenablement arrangés pour la surveillance, marqués et numérotés.

Art. 12. — Les commutateurs employés pour diriger le courant seront construits de manière que, dans une position quelconque, il ne puisse se produire d'arc permanent ni d'échauffement dangereux ; leur support sera en ardoise, calcaire ou toute autre matière incombustible.

Art. 13. — Le tableau qui portera les aiguilles et commutateurs sera muni d'un volt-mètre et d'un ampère-mètre par circuit, et, s'il y a lieu, de rhéostats régulateurs.

Art. 14. — On disposera, en connexion sur les deux branches avec le conducteur principal, des fusées de sûreté faites d'un métal aisément fusible, et qui fondront si le courant vient à atteindre une force trop considérable.

Tous les passages d'un fil fort à un fil faible seront protégés par l'emploi de deux fusées de sûreté qui, dans tous les cas, ne devront laisser passer que la quantité d'ampères pour lesquels les fils des circuits ont été calculés. Ces coupe-circuits seront établis de manière à être parfaitement à l'abri de toute humidité.

Art. 15. — Chaque partie du circuit sera calculée pour que le diamètre des fils employés soit bien proportionné au courant qui devra les traverser. L'intensité du courant ne devra pas dépasser deux ampères par millimètre carré de section.

Art. 16. — La force électromotrice maxima des courants alternatifs ne pourra dépasser 120 volts. Pour les courants continus, la différence de potentiel ne devra pas dépasser 300 volts aux bornes des machines ou à l'entrée du théâtre si la source d'électricité est extérieure.

Art. 17. — Lorsque la source d'électricité viendra du dehors, les deux câbles conducteurs seront pourvus d'une aiguille de dérivation, qui permettra d'interrompre automatiquement l'entrée des courants supérieurs à 300 volts, ainsi que d'un volt-mètre et d'un ampère-mètre. Ces appareils seront placés aussi près que possible de l'ouverture par laquelle les câbles pénètrent dans l'établissement.

Art. 18. — On n'emploiera que des circuits métalliques complets, l'emploi des conduites d'eau et de gaz et des parties métalliques de la construction pour compléter le circuit est interdit.

Art. 19. — Les fils seront recouverts d'une matière isolante et l'isolement des conducteurs atteindra 300 méghoms par kilomètre.

Art. 20. — Tous les fils et câbles seront solidement fixés et constamment maintenus séparés les uns des autres à 10 millimètres au moins pour les lumières à arc. L'espace entre les fils et les pièces métalliques de la construction sera de 60 millimètres, à moins que le câble ne soit placé sous plomb.

Art. 21. — Quand les fils conducteurs reposeront sur des supports isolés ou traverseront des planchers, paliers, murs ou cloisons, ou quand ils se croiseront, ils devront être protégés par une seconde enveloppe de métal autre que le plomb.

Art. 22. — Tous les fils qui seraient à la portée de la main du public ou du personnel de l'établissement seront placés sous des moulures en bois facilement reconnaissables.

Art. 23. — Si la source d'électricité est en dehors de l'établissement, l'électricité ne pourra y être introduite que par une seule ouverture.

CHAPITRE V.

Lampes.

Art. 24. — Les lumières nues sont prohibées.

Art. 25. — Les lumières à arc seront protégées par des globes de verre

fermés à la partie inférieure et surmontés d'une cheminée avec grille
pour arrêter les étincelles et les particules de carbone incandescent.

Art. 26. — Toutes les parties des lampes susceptibles d'être touchées
avec la main seront isolées du courant.

Les globes et les enveloppes en verres seront entourés d'un grillage
métallique, si leurs fragments peuvent être projetés sur le public ou le
personnel du théâtre.

Art. 27. — Les câbles de suspension de lampe seront incombustibles
et indépendants des fils conducteurs, lesdits fils ne pouvant, dans aucun
cas, servir de suspension aux lampes.

CHAPITRE VI.

Éclairage de secours.

Art. 28. — Si l'établissement était primitivement éclairé au gaz, et si
ce mode d'éclairage est conservé pour les cas d'extinction subite de la
lumière électrique, la canalisation sera toujours maintenue en parfait
état et, tous les mois, à la visite mensuelle, en présence de la Sous-
Commission, il sera fait un essai de l'éclairage au gaz.

Des manomètres, destinés à vérifier l'état de la canalisation, seront
placés sur les points désignés par la Commission.

Art. 29. — Dans les parties de l'établissement où le gaz ne serait plus
en usage, l'ancienne canalisation ne pourra rester en communication avec
les parties conservées, et les tuyaux seront coupés, afin que le gaz ne
puisse y être introduit.

Art. 30. — Dans tous les cas, l'éclairage au moyen de lampes à huile,
prévu par l'art. II de l'ordonnance du 16 mai 1881, sera maintenu.

Art. 31. — Par exception, et après avis de la Commission supérieure
des théâtres, les lampes à l'huile pourront être remplacées par des lampes
à incandescence, chacune d'elles étant spécialement alimentée par une
pile ou par une batterie d'accumulateurs. Dans ce cas, les lampes de
secours devront avoir une coloration différente pour les distinguer des
autres lampes.

Art. 32. — Les théâtres, cafés-concerts et autres lieux publics déjà
éclairés à la lumière électrique, dont l'installation ne serait pas conforme aux prescriptions de la présente ordonnance devront y satisfaire
dans un délai de six mois.

Art. 33. — Sont rapportés l'article...

Le Préfet de police,
GRAGNON.

ENSEIGNEMENT PROFESSIONNEL

BIBLIOTHÈQUE

DES

PROFESSIONS

INDUSTRIELLES, COMMERCIALES et AGRICOLES

PARIS

J. HETZEL ET Cᵢₑ, ÉDITEURS

18, RUE JACOB, 18

CATALOGUE D.-P.

Bibliothèque des Professions industrielles, commerciales et agricoles

Le premier mérite des volumes qui composent cette Encyclopédie c'est d'être accessibles par la forme, par le fond et par le prix, aux personnes qui ont le plus souvent besoin d'indications pratiques sur la profession dont elles font l'apprentissage, ou dans laquelle elles veulent devenir plus intelligemment habiles.

A ces personnes, dont le nombre est très grand, il faut des *guides pratiques exacts*, d'un format commode, d'un prix modéré, rédigés avec clarté et méthode, comme est clair et méthodique l'enseignement direct du professeur à l'élève ou celui du maître à l'apprenti. Telle a été la pensée qui a présidé à la publication de la *Bibliothèque des professions industrielles, commerciales et agricoles.*

Elle se compose de *onze séries*, qui se subdivisent comme suit :

A. **Sciences exactes.** — B. **Sciences d'observation.** — C. **Art de l'Ingénieur.** — D. **Mines et Métallurgie.** — E. **Professions commerciales.** — F. **Professions militaires et maritimes.** — G. **Arts et métiers, Professions industrielles.** — H. **Agriculture, Jardinage,** etc. — I. **Economie domestique, Comptabilité, Législation, Mélanges.** — J. **Fonctions politiques et administratives, Emplois de l'Etat, Départementaux et Communaux, Services publics.** — K. **Beaux-arts, Décoration, Arts graphiques.**

Les volumes de cette collection sont publiés dans le format grand in-18, la plupart d'entre eux sont illustrés de gravures qui viennent mieux faire comprendre le texte ; des atlas renferment les dessins qui exigent d'être représentés à grandes échelles et avec plus de détails.

L'ENVOI est fait franco pour toute demande dépassant 15 francs et accompagnée de son montant en billets de banque, timbres-poste, mandats-poste, chèques ou mandats à vue sur Paris, coupons de valeur (déduction faite de l'impôt de 5 0/0).

Le prix du port est de 30 centimes pour les volumes de 3 francs et au-dessous ; 40 centimes pour les volumes de 4 francs ; 50 centimes pour les volumes de 5 et 6 francs ; — 60 centimes pour les volumes au-dessus de ce prix.

NOTA. — Les ouvrages marqués d'un ✳ ont été choisis par le ministère de l'Instruction publique pour faire partie des catalogues des bibliothèques publiques scolaires. Le deuxième ✳, plus petit, désigne les ouvrages choisis pour être distribués en prix.

Figure spécimen du *Guide pratique de l'ouvrier mécanicien*. (Voir page 44.)

BIBLIOTHÈQUE

DES

PROFESSIONS INDUSTRIELLES

COMMERCIALES ET AGRICOLES

Parmi les bibliothèques spéciales, techniques plutôt, qui tiennent ou commencent à tenir une si grande place dans la librairie contemporaine, il faut citer au premier rang la *Bibliothèque des Professions industrielles, commerciales et agricoles*, mise en vente par la librairie Hetzel, et qui comprend déjà 121 ouvrages formant 128 volumes. Le champ est vaste de toutes les connaissances exigées, ou qui devraient l'être, par ceux, — et le nombre en est de plus en plus considérable, — qui se destinent à l'industrie, au commerce ou à l'agriculture. Autrefois, il n'y a pas longtemps encore, la seule science à peu près reconnue était la routine. En tout, partout, dans les grandes comme dans les petites exploitations, on tenait à ne pas s'éloigner des habitudes et des traditions transmises. Cela faisait, en quelque sorte, partie de l'héritage.

Depuis quelques années, nous commençons, en France, à nous affranchir de ces méthodes arriérées. C'était bon de s'enfermer dans sa coquille quand les communications étaient difficiles, quand on se suffisait, pour ainsi dire, chacun chez soi, et quand on n'avait qu'un médiocre intérêt à suivre les progrès de l'industrie, par exemple, puisque la production répondait à la consommation. Aujourd'hui, ce n'est plus tout à fait cela ; c'est à qui fera le mieux, et, en même temps, fera le plus vite. La rapidité des transports, la rapidité des demandes qui peuvent être transmises, le même jour, d'un bout du monde à l'autre, ont provoqué une concurrence presque sans limites, et c'est tant pis pour ceux qui, s'en tenant aux vieux moyens, n'ont à leur service qu'un outillage inférieur. N'en pourrait-on dire autant pour l'agriculture, si complètement transformée depuis quelques années ? et même pour le commerce, dont les relations, au lieu d'être limitées, confinées dans un certain rayon, sont aujourd'hui universelles ?

Quoi de plus naturel que d'étudier les conditions nouvelles auxquelles sont soumises les industries diverses, les transactions commerciales, les exploitations agricoles ? Et en même temps, quoi de plus curieux, pour cette partie du public éclairé et qui aime d'autant plus à s'instruire, que l'étude rendue claire et facile, de ces trois choses qui sont les bases mêmes de la fortune d'un pays ? Les spécialistes n'ont qu'à choisir, dans les rayons de cette bibliothèque, pour trouver aussitôt ce qui les concerne et les intéresse. Autant de branches de la science, autant de traités particuliers, composés et écrits par les savants les plus autorisés et les professeurs les plus compétents.

La collection comprend onze séries consacrées à des ouvrages spéciaux, mais réunis tous, cependant, par un lien commun. Ainsi, il y a une série pour les sciences exactes, une autre pour les sciences d'observation. Dans la troisième, se trouve traité, sous ses différents aspects, l'art de l'ingénieur ; la quatrième s'occupe des mines et de la métallurgie. Ici sont étudiées les machines motrices ; là les professions militaires et maritimes. Plus loin, sous la rubrique Arts et Métiers, sont passées en revue les professions industrielles ; puis enfin l'agriculture, le jardinage et tout ce qui s'y rattache, l'étude des eaux, des bois et forêts, et enfin l'économie domestique. On voit tout ce qui peut tenir de traités particuliers dans cette nomenclature générale. Chacun a son volume, accompagné de dessins explicatifs et de figures, quand il est nécessaire, pour les mieux mettre à la portée du public.

Il est aisé de comprendre qu'une telle collection ne peut pas être exactement limitée, par la raison bien simple qu'elle doit se tenir à la hauteur du mouvement, c'est-à-dire du progrès, et tenir compte des inventions nouvelles qui, sans bouleverser de fond en comble les systèmes adoptés, les transforment en partie, ou tout au moins les modifient. Telle qu'elle est, on peut la considérer déjà comme supérieure à tout ce qui existe dans le même ordre d'idées. Le cadre général est plus vaste et peut s'élargir encore ; quant aux traités particuliers, comment n'offriraient-ils pas toutes les garanties désirables, grâce aux noms des spécialistes qui les ont rédigés ? La physique, la chimie, les sciences naturelles, d'un côté, la géométrie, l'algèbre, de l'autre, sont enseignées de la façon la plus claire, et, ce qu'il ne faut pas oublier, par des moyens mis à la portée des gens du monde désireux d'acquérir des connaissances au moins superficielles sur toutes choses.

Ce qui caractérise notre époque est un immense besoin de savoir. On veut au moins des notions sur toutes choses. Comment les propriétaires, par exemple, pourraient-ils se rendre compte des engagements imposés à leurs fermiers, s'ils n'étaient, eux-mêmes, au fait des exigences de l'agriculture? Et il en est partout ainsi.

Cette bibliothèque répond donc à un besoin réel, à un moment où la machine remplace de plus en plus les bras et où le mécanicien fait des progrès constants. Rien de plus clair et de plus complet n'a été fait jusqu'à ce jour, ni de plus réellement utile. C'est l'encyclopédie du dix-neuvième siècle, qui se recommande aussi bien par la variété des sujets que par la valeur propre de chacun d'eux, où l'on trouve, en même temps que les vues d'ensemble, les guides pratiques de toutes les industries en exploitation et de toutes les professions et métiers. Nous ne saurions trop la recommander aux gens du monde curieux de notions générales, ainsi qu'aux personnes désireuses d'apprendre ou d'approfondir une spécialité.

Gravure spécimen du *Manuel pratique de Jardinage*. (Voir page 40.)

LISTE DES OUVRAGES

PAR ORDRE DE SÉRIE

SÉRIE A

SCIENCES EXACTES

SÉRIE B

SCIENCES D'OBSERVATION

CHIMIE — PHYSIQUE — ÉLECTRICITÉ

SÉRIE C

ART DE L'INGÉNIEUR

PONTS ET CHAUSSÉES — CHEMINS DE FER — CONSTRUCTIONS CIVILES

SÉRIE D

MINES ET MÉTALLURGIE

GÉOLOGIE — HISTOIRE NATURELLE

SÉRIE E

PROFESSIONS COMMERCIALES

SÉRIE F

PROFESSIONS MILITAIRES ET MARITIMES

SÉRIE G

ARTS ET MÉTIERS

PROFESSIONS INDUSTRIELLES

SÉRIE H

AGRICULTURE

JARDINAGE. — HORTICULTURE. — EAUX ET FORÊTS.
CULTURES INDUSTRIELLES. — ANIMAUX DOMESTIQUES. — APICULTURE.
PISCICULTURE.

11.	**Gossin**. Conférences agricoles. 1 vol.	1 »
12.	**Sourdeval**. Elevage et dressage du cheval (*en prépara- tion*)	» »
13.	**Bourgoin d'Orly**. Cultures exotiques. 1 vol.	4 »
14.	**Dubos**. Choix de la vache laitière. 1 vol.	2 50
15.	**Dubief**. Le Trésor des vignerons et marchands de vin. 1 vol.	3 »
16.	**Canu et Larbalétrier**. Météorologie agricole. 1 vol. .	2 »
17.	**Mariot-Didieux**. L'éducateur de lapins. 1 vol.	2 50
18.	— Education lucrative des poules. 1 vol.	4 »
19.	— — des oies et canards. 1 vol.	2 50
20.	**Larbalétrier**. Guide de Pisciculture et d'Aquiculture flu- viales. 1 vol	4 »
21.	**Mariot-Didieux**. Le chasseur médecin. 1 vol. . . .	2 »
23.	**Courtois-Gérard**. Culture maraîchère. 1 vol.	4 »
32-33.	**Gobin**. Culture des plantes fourragères. Prairies natu- relles. Prairies artificielles. 1 volume.	4 »
40.	**Fleury-Lacoste**. Le Vigneron. 1 vol.	3 »
41.	**Courtois-Gérard**. Manuel pratique du jardinage. 1 vol.	4 »
42.	**Koltz**. Culture du saule et du roseau. 1 vol.	2 »
43.	**Sicard**. Culture du cotonnier. 1 vol.	2 »
48.	**Lunel**. Acclimatation des animaux domestiques. 1 vol.	3 »
52.	**F. Fraîche**. Guide de l'ostréiculteur. 1 vol.	3 »
53.	**Touchet**. Vidange agricole. 1 vol.	1 »
55.	**Pouriau**. Chimiste agriculteur. 1 vol.	6 »
56.	**Lerolle**. Botanique appliquée. 1 vol.	4 »

SÉRIE I

ÉCONOMIE DOMESTIQUE

COMPTABILITÉ. — LÉGISLATION. — MÉLANGES

1.	**Dubief**. Fabrication des vins factices. 1 vol.	2 »
2.	**Lunel**. Economie domestique. 1 vol.	2 »
3.	**I.-A. Rey**. Ferments et fermentation. 1 vol.	4 »
4.	**Dubief**. Le Liquoriste des dames. 1 vol.	3 »
5.	**Hirtz**. Coupe et confection des vêtements de femmes ou d'enfants. 1 vol.	3 »
6.	**Dufréné**. Droits des inventeurs. 1 vol.	3 »
8.	**Baude**. Calligraphie. 1 vol.	4 »
9.	**Lescure**. Traité de géographie. 1 vol.	3 »
10.	**Block (M.)**. Principes de législation pratique appliquée au Commerce, à l'Industrie et à l'Agriculture. 1 vol.	4 »

SÉRIE J

FONCTIONS POLITIQUES & ADMINISTRATIVES

EMPLOIS DE L'ÉTAT, DÉPARTEMENTAUX, COMMUNAUX
SERVICES PUBLICS

SÉRIE K

BEAUX-ARTS — DÉCORATIONS
ARTS GRAPHIQUES

*Le cartonnage toile de chaque volume se paye 0,50 c. en plus
des prix indiqués.*

TABLE DES MATIÈRES

BIBLIOTHÈQUE DES PROFESSIONS

INDUSTRIELLES, COMMERCIALES ET AGRICOLES

Collection de volumes grand in-18

BIBLIOGRAPHIE RAISONNÉE

ACCLIMATATION DES ANIMAUX DOMES-TIQUES (*Guide pratique de l'*), étude des animaux destinés à l'acclimatation, la naturalisation et la domestication : Animaux domestiques, méthodes de perfectionnement, mammifères, oiseaux, poissons, insectes, précédée de considérations sur les climats et de l'Exposé des classifications d'histoire naturelle, etc., par le docteur LUNEL, 1 volume avec figures dans le texte. . . . . 3 fr.

M. le docteur Lunel a résumé les notions concernant l'acclimatation disséminées dans un grand nombre d'ouvrages volumineux. Ce livre sera consulté avec fruit par toutes les personnes qu'intéresse la grande question de l'acclimatation. Il peut être considéré comme un guide sûr dans les jardins d'acclimatation où sont réunies toutes les races d'animaux indigènes et étrangères, et il donne

d'une manière concise et substantielle les notions usuelles nécessaires pour
l'étude des animaux destinés à l'acclimatation, la naturalisation et la domestication.

ACIDES (Voir Chimie. page 23, et Potasses, page 54).

ACIER (*Guide pratique de l'emploi de l'*), ses propriétés, avec une introduction et des notes de Ed. GRATEAU, ingénieur civil des mines, par J.-B.-J. DESSOYE, ancien manufacturier, 1 volume.. . . . . 4 fr.

Ce livre constitue une véritable monographie de l'acier. M. Dessoye prend
l'art de fabriquer l'acier à son origine et nous montre ses progrès. Il signale
la nature et les propriétés natives de l'acier, en indique les différents modes
d'élaboration et termine son guide par une étude sur l'emploi de l'acier dans les
manipulations qu'on lui fait subir. Comme le fait remarquer M. Grateau dans sa
savante introduction, ce livre s'adresse à tous ceux qui sont appelés à acheter
et à consommer de l'acier d'une qualité quelconque, sous toute forme, et il
devra être consulté par tous les praticiens.

Extrait de la table. — Considérations préliminaires. — Etudes historiques
sur la fabrication de l'acier. — Etudes générales sur l'existence des propriétés
natives. — Etudes sur l'emploi de l'acier, considéré dans ses propriétés caractéristiques. — De l'emploi de l'acier considéré dans les manipulations qu'on lui
fait subir.

ACIER (*Traité de l'*), théorie métallurgique, travail pratique, propriétés et usages, par H.-C. LANDRIN fils, ingénieur civil, 1 volume, avec figures. . . . . 4 fr.

Figure spécimen du *Traité de l'acier.*

Les deux ouvrages de MM. Landrin et Dessoye se complètent l'un par l'autre.
Ils donnent au complet la fabrication et l'emploi de l'acier. Nous avons dit, en
parlant de celui de M. Dessoye, en quoi consistait son étude ; nous allons, par
un extrait de la table des matières du livre de M. Landrin, indiquer en quoi il
complète le précédent. — Histoire de l'acier, sa découverte, sa métallurgie dans
l'antiquité et dans les différentes contrées. — De la chaleur, de l'oxygène, du
soufre, de la chaux, des minerais de fer, des combustibles. — De l'acier et de
sa théorie. — Théorie de Réaumur, docimasie. — Métallurgie, acide naturel,
acier de fonte, acier puddlé, acier cimenté, acier de fusion, acier du Wootz.

Nouveaux procédés : Procédé Chenot, procédé Bessemer, procédé Taylor, procédé Uchatuis, acier damassé. *Etoffes* : Travail de l'acier, raffinage, soudure, recuit à la forge, trempe, recuit à la trempe, écrouissage. *Propriétés de l'acier :* Des limes, du fil d'acier, des aiguilles, tôle d'acier, des scies.

AGENT VOYER (Voir Ponts et Chaussées, page 53).

AGRICULTURE GÉNÉRALE (*Guide pratique d'*), par A. GOBIN, 1 vol. — En réimpression. —

ALGÈBRE (*Principes d'*), par Paul LEPRINCE, ingénieur, ancien élève de l'Ecole d'arts et métiers de Châlons-sur-Marne, 1 volume avec figures . . . . . 4 fr.

Un ouvrage de ce genre n'a pas encore été publié. Il indique les moyens les plus prompts et les plus simples à employer pour parvenir à la solution des problèmes. Il ne comprend que la marche pratique à suivre en algèbre pour arriver aux formules appliquées dans l'industrie en général.

ALLIAGES MÉTALLIQUES (*Guide pratique des*), par A. GUETTIER, ingénieur, directeur de fonderies, etc. 1 volume . . . . 3 fr.

Après avoir donné quelques explications préliminaires sur les propriétés physiques et chimiques des métaux et des alliages, l'auteur examine au point de vue des alliages entre eux les métaux spécialement industriels, c'est-à-dire d'un usage vulgaire très répandu (cuivre, étain, zinc, plomb, fer, fonte, acier). Il donne ensuite quelques indications générales sur les métaux appartenant aux autres industries, mais n'occupant qu'une place secondaire (bismuth, antimoine, nickel, arsenic, mercure), et sur des métaux riches appartenant aux arts ou aux industries de luxe (or, argent, aluminium, platine) ; enfin, il envisage les métaux d'un usage industriel restreint, au point de vue possible de leur association avec les alliages présentant quelque intérêt dans les arts industriels.

ALUMINIUM et MÉTAUX ALCALINS (*Guide pratique de la recherche, de l'extraction et de la fabrication de l'*). Recherches techniques sur leurs propriétés, leurs procédés d'extraction et leurs usages, par Charles et Alexandre TISSIER, chimistes-manufacturiers. 1 volume, 1 planche et figures dans le texte . . . . 3 fr.

Les notions sur l'aluminium se trouvaient disséminées dans des recueils nombreux publiés en France et à l'étranger. Les auteurs de ce guide ont eu l'idée de faire de ces notions éparses un tout homogène dans lequel, après avoir retracé l'historique de la préparation des métaux alcalins, ils esquissent l'histoire de la préparation de l'aluminium. Des chapitres spéciaux sont consacrés à la fabrication industrielle et aux propriétés physiques et chimiques de ce nouveau métal, qui a conquis très rapidement une grande place dans l'industrie.

AMIDONNIER (Voir Féculier et Amidonnier, p. 34).

ANIMAUX (Voir Habitations des Animaux, page 37).

ANIMAUX DOMESTIQUES (Voir Acclimatation des Animaux domestiques, page 13).

ARCHITECTURE (*Introduction à l'étude de l'*), par Viollet-le-Duc. — **En préparation.** —

ARCHITECTURE NAVALE (*Guide pratique d'*)

à l'usage des capitaines de la marine du commerce, appelés à surveiller les constructions et les réparations de leurs navires, par Gustave Bousquet, capitaine au long cours, ingénieur, 1 volume avec figures dans le texte . . . . 2 fr.

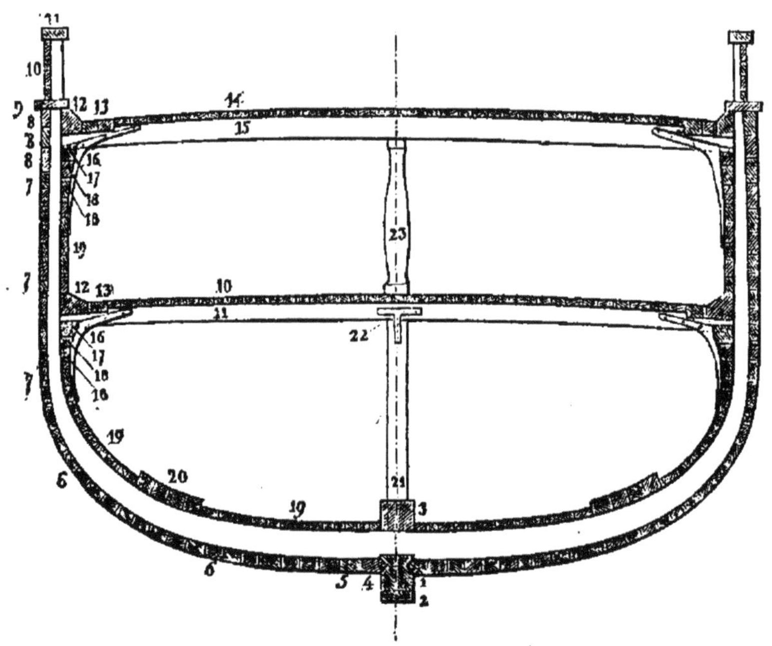

Figure spécimen du *Guide pratique d'architecture navale*.

Dans la **première partie**, l'auteur traite de la connaissance des cales, c'est-à-dire l'endroit où doit être réparé le navire. — Droit et tour d'une pièce. — Ecarts. — Quille. — L'étrave. — L'étambot. — L'assemblage des couples, etc.

Dans la **deuxième partie**, nous avons les revêtements intérieurs. — La lisse. — Les carlingues. — Les livets. — Bauquières. — Barrots. — Épontilles, etc.

Puis les revêtements extérieurs. Précintes, bordées, bois étuvés, chevillage, clous, calfatage, panneaux ou écoutilles, etc.

Cet abrégé très sommaire des matières contenues dans ce volume suffira pour faire comprendre que sa lecture ne peut être que très profitable.

ASTRONOMIE (*Manuel pratique de l'*), par Camille FLAMMARION. *L'art d'observer le ciel et de se servir des instruments d'optique*. 1 volume. — **En préparation.** —

Figure spécimen de l'*Ingénieur électricien*. (Voir page 31.)

B

BEAUX-ARTS (*Introduction à l'étude des*). 1 volume.
— En préparation. —

BERGERIES (voir Habitation des animaux, page 37).

BETTERAVE (*Traité pratique de la culture et de l'alcoolisation de la*). Résumé complet des meilleurs travaux faits jusqu'à ce jour sur la betterave et son alcoolisation, renfermant toutes les notions nécessaires au cultivateur et au distillateur, ainsi que l'examen des méthodes de pulpation, de macération, de fermentation et de distillation employées aujourd'hui. 3ᵉ édition corrigée et considérablement augmentée, par N. BASSET. 1 volume avec figures dans le texte. . . . . 3 fr.

Avant de donner au public cette nouvelle édition, l'auteur avait étudié à fond les principales questions relatives à la culture, à la distillation de la betterave, afin d'apporter son contingent à la grande question de la transformation agricole, par les données que l'expérience lui a fournies. Il a voulu mettre sous les yeux des agriculteurs et des distillateurs les faits techniques, scientifiques et pratiques, dans la plus grande simplicité d'expression. Il examine avec impartialité les différents systèmes : Champenois, Kessler, Dubrunfaut, etc.

BIÈRE (Voir Brasseur, page 20).

BIJOUTIER (*Guide pratique du*). Application de l'harmonie des couleurs dans la juxtaposition des pierres précieuses, des émaux et de l'or de couleur, par L. MOREAU, bijoutier et dessinateur. 1 volume avec 2 planches coloriées . . . . 2 fr.

Ce petit livre est une protestation hardie contre l'esprit de routine. L'auteur a réuni les données fournies par la science sur l'harmonie et le contraste des couleurs, et comparant ces données aux observations faites dans la pratique du métier, il a formé une théorie applicable à la bijouterie.

BOIS EN FORÊTS (*Carbonisation des*), par E. DROMART, ingénieur civil, 1 volume avec figures et 1 planche . . . . 4 fr.

Extrait de la table des matières : Bois. — Charbon de bois. — Carbonisation des meules en forêts. — Carbonisation des bois à goudron. — Appareils à vases clos. — Appareils à vapeur surchauffée. — Carbonisation des bois durs, des tiges de bruyère. — Analyse des charbons.

BOIS (*Guide théorique et pratique de Cubage et d'Estimation des*) à l'usage des propriétaires, régisseurs, marchands de bois, gardes forestiers, etc., etc., par Alexis FROCHOT, sous-inspecteur des forêts, etc. 2e édition. 1 volume. tableaux et 14 figures et 1 planche graphique donnant les tarifs de cubage des arbres sur pied et des arbres abattus. . . . . 4 fr.

Figure spécimen du *Guide de cubage et d'estimation des bois.*

Extrait de la table des matières. — **Cubage des bois abattus.** Bois en grume, bois ronds, bois méplats, bois équarris, bois de feu : exécution des calculs de cubage. — **Cubage des bois sur pied.** — Mesures des hauteurs : 1o au dendromètre ; 2o à vue d'œil ; 3o mesure des diamètres. — Cubage des résineux. — **Estimation des bois sur pied en matière,** bois de charpente, étais, perches de mines, poteaux télégraphiques, sciage, traverses de chemins de fer, bois de fente, bois de feu, écorces, frais de transport et d'exploitation. — Estimation en argent. — **Estimation des forêts en fonds et superficie.** — Exposé de la méthode, bois susceptibles de revenus égaux et périodiques, bois donnant des revenus inégaux. — Procédés de calculs à employer. — Applications, tarifs linéaires, renseignements bibliographiques.

BOTANIQUE (* *Traité pratique et élémentaire de*) appliquée à la culture des plantes, par Léon LEROLLE, ancien élève de l'Ecole d'agriculture de Grand-Jouan, membre de la Société d'horticulture de Marseille, 1 volume. 108 figures dans le texte. . . . . 4 fr.

Extrait de la table : De la germination des graines, choix et conservation des graines. — De la végétation des plantes, des bourgeons. — Phénomènes souterrains, phénomènes aériens, phénomènes anatomiques de la végétation. — Nutrition des végétaux, nature des substances absorbées par les racines, sécrétion, transpiration. — Agents essentiels de la végétation. — De la reproduction des plantes, du périanthe, des étamines, du pistil, des ovules. — Floraison. — Fécondation. — Fructification. — Granification.

BRASSEUR (*Guide du*) ou *l'Art de faire de la Bière,* par G.-J. MULDER, professeur à l'Université d'Utrecht. Traité élémentaire théorique et pratique. La bière, sa composition chimique, sa fabrication, son emploi comme boisson, traduit de l'allemand et annoté par L.-F. Dubief, chimiste, nouvelle édition revue et corrigée, par M. Ch. BAYE. 1 vol. . . . . 4 fr.

M. Mulder a tâché d'analyser tous les écrits qui ont été publiés sur ce sujet pour en tirer la quintessence en y apportant de son propre fond. C'est un travail consciencieusement écrit, fruit de laborieuses études dont le brasseur pourra faire son profit.

BRIS ET NAUFRAGES (*Nouveau code des*), ou sûreté et sauvetage maritime, publié avec l'autorisation du ministre de la Marine et des Colonies, par J. TARTARA, commissaire ordonnateur de la marine en Algérie, 1 volume . . . . 4 fr.

C

CAFÉIER ET CACAOYER (Voir Cultures exotiques, page 28).

CAISSIER (*Manuel du*). Traité théorique et pratique des PAYEMENTS et RECETTES. — **En préparation.** —

CALCULS ET COMPTES FAITS à l'usage des industriels en général et spécialement des mécaniciens, charpentiers, serruriers, chaudronniers, toiseurs, arpenteurs, vérificateurs, etc. Troisième édition complètement refondue des calculs faits de A. LENOIR, par Joseph VINOT. 1 volume et tableaux . . . . 4 fr.

Son objet est d'éviter aux chefs d'atelier une foule de calculs souvent assez difficiles à résoudre ; enfin c'est un aide-mémoire qui est appelé à rendre de grands services par le temps qu'il fait économiser. Il se divise comme suit : 1º Arithmétique. — 2º Conversion — 3º Physique. — 4º Mécanique. — 5º Frottements, résistances. — 6º Cubage des métaux. — 7º Cubage des bois. — 8º Tables commerciales.

CALLIGRAPHIE. Cours d'écriture avec 32 planches, par L. BAUDE, 1 vol. . . . . 4 fr.

SOMMAIRE : Objets et instruments nécessaires pour écrire. — Formes et variante de l'écriture anglaise. — De la manière de tenir la plume. — Principes généraux de l'écriture anglaise. — Des différentes grosseurs d'écriture. — Majuscules. — Minuscules. — Chiffres. — De l'expédiée ou cursive anglaise. — Des écritures fortes : Bâtarde, Coulée, Ronde et Gothique. — *De l'emploi dans l'écriture des accents, de la ponctuation et autres signes.*

CANARDS (Voir Oies et Canards, page 48).

CANNE A SUCRE (Voir Cultures exotiques, page 28).

CARBONISATION DES BOIS (Voir Bois, page 18).

CARTON (Voir Papier et Carton, page 50).

CENDRES (Voir Potasses, page 54).

CHALEUR (*Théorie mécanique de la*), traduit de l'allemand par F. FOLIE, professeur à l'École industrielle, et répétiteur à l'École des mines de Liège, par R. CLAUSIUS, professeur à l'Université de Wurtzbourg. 2 vol. à 4 fr., 8 fr.

CHARCUTERIE PRATIQUE (*La*), par Marc BERTHOUD, ancien charcutier, ex-président de la corporation des charcutiers de Genève. 2ᵉ édition. 1 volume avec 74 figures. . . . . 4 fr.

EXTRAIT DE LA TABLE DES MATIÈRES. — *1ʳᵉ partie :* Le porc, différentes races, élevage, engraissement, maladies, transports. — Locaux, appareils, ustensiles. — Condiments, accessoires. — Abatage du porc, utilisation des différentes parties du porc, salaison, désalaison. — Premières manipulations. — *2ᵉ partie :* Charcuterie proprement dite : Andouilles, andouillettes, boudins, saucisses, saucissons, jambons, petites pièces chaudes et froides. — Grosses pièces froides. — Sauces, accessoires. — Cochon de lait, sanglier. — Pâtisserie. — Terrines. — Décoration. — Conservation des viandes, conserves. — *3ᵉ partie :* Charcuterie allemande : saucisses, produits divers.

CHARPENTIER ✳ (*Le livre de poche du*), application pratique à l'usage des CHANTIERS, des ÉLÈVES DES ÉCOLES PROFESSIONNELLES, etc., par J.-F. MERLY, charpentier, entrepreneur de travaux publics, membre de la

Société industrielle d'Angers, etc. Collection de 140 ÉPURES,
1 vol. 287 pages de texte et planches en regard. . .   4 fr.

M. Merly n'est pas un savant qui doit s'efforcer d'oublier la technologie de
l'école pour parler le langage ordinaire de la plupart de ses auditeurs : M. Merly
est, au contraire, un ouvrier, un homme pratique, qui a cherché à se faire
comprendre par les compagnons de travail auxquels il s'adressait, et qui est
arrivé à des démonstrations si claires, à des explications si naturelles, que les
théoriciens eux-mêmes ont bientôt eu à s'inspirer de ses travaux. Rien de plus
net que ses dessins, rien de plus simple que ses préceptes : c'est en quelque
sorte en se jouant qu'il arrive aux épures les plus compliquées. — C'est le
résumé des cours faits par M. Merly à ses compagnons charpentiers.

CHASSEUR MÉDECIN (*Le*), ou traité complet sur
les maladies du chien, par M. Francis CLATER, vétérinaire
anglais, traduit de l'anglais sur la 27e édition. 3e édition
française, corrigée et augmentée, par M. Mariot-Didieux.
1 volume. . . . .   2 fr.

Le succès que ce livre a eu en Angleterre (vingt-sept éditions) dispense de
tout commentaire. Le guide que nous avons placé dans notre Bibliothèque en
est la troisième édition française. M. Mariot-Didieux, le savant vétérinaire, en
acceptant la revision de cette édition, s'est attaché à supprimer dans le texte
original des formules trop compliquées, à en simplifier d'autres et en ajouter de
nouvelles. Ainsi entièrement refondu, l'ouvrage est véritablement un traité complet sur les maladies du chien, traité auquel un chapitre sur l'art de mégisser
les peaux pour en faire des tapis sert de complément.

CHAUFFEUR (*Manuel du*), guide pratique à l'usage
des mécaniciens, des chauffeurs et des propriétaires de machines à vapeur; exposé des connaissances nécessaires, suivi
de conseils afin d'éviter les explosions des chaudières à
vapeur, par JAUNEZ, ingénieur civil. 2e édition. 1 volume,
37 figures dans le texte et planches . . . .   2 fr.

Cet ouvrage est spécialement destiné aux chauffeurs, comme l'indique son
titre. Les bons chauffeurs pour l'industrie privée sont rares et, par conséquent,
recherchés. Les personnes qui ont des machines à vapeur ne sont que trop souvent obligées d'employer pour chauffeurs des hommes qui manquent non seulement des connaissances indispensables pour remplir un tel emploi, mais
quelquefois même de la moindre instruction pratique. Dans de telles circonstances, il y a évidemment danger, et c'est pourquoi nous avons publié cet ouvrage, afin qu'il soit mis dans les mains de tous les ouvriers qui, sans savoir le
premier mot de la théorie de la chaleur ni de la mécanique, seront à même,
après l'avoir lu attentivement, de conduire une machine à vapeur. Cet ouvrage
doit être dans leurs mains comme un catéchisme qui viendra leur apprendre leur
métier.

Extrait de la table des matières : — Pression de l'air. — Baromètre. —
Compression de l'air. — Pompes. — Du calorique. — Thermomètre. — Quantité d'eau nécessaire à la condensation de l'eau. — De la vapeur d'eau. — Des
moyens pour connaître la force de la vapeur. — Manomètre. — Soupapes de

sûreté. — Conduite du feu. — Chaudière. — Giffard. — Incrustations et dépôts dans les chaudières. — Des soins et de l'entretien des machines à vapeur. — Résumé des moyens ayant pour but d'éviter les explosions. — Mise en marche des machines à vapeur. — Renseignements généraux, etc.

CHEMINS DE FER (*Traité de l'exploitation des*), ouvrage composé de deux parties, précédé d'une préface de M. Jules Favre, par Victor Emion.

PREMIÈRE PARTIE. — VOYAGEURS ET BAGAGES. . 4 fr.

DEUXIÈME PARTIE. — MARCHANDISES. . . . . . . 4 fr.

Aujourd'hui que tout le monde voyage, le manuel de M. V. Emion est devenu un guide indispensable. Il fait connaître à chacun ses droits et ses devoirs vis-à-vis des compagnies: il prend le voyageur chez lui, le mène à la gare, le suit à son départ, pendant sa route, à son arrivée, et le ramène à son domicile; il prévoit toutes les difficultés, toutes les contestations, et en donne la solution fondée sur la loi, les règlements, la jurisprudence et l'équité.

Dans la seconde partie, M. Emion traite avec beaucoup de détails l'organisation du service des marchandises, les tarifs, les formalités exigées pour la remise des marchandises en gare, l'expédition, la livraison, enfin tout ce qui concerne les actions à intenter aux compagnies, soit pour avaries, soit pour retard, perte, négligence, etc.

CHEMINS DE FER (*Album des*), résumé graphique du cours professé à l'Ecole centrale des arts et manufactures. 4e édition, par G. Cornet, répétiteur à l'École centrale des arts et manufactures de Paris. 1 vol. texte et 74 planches gravées sur acier . . . . 10 fr.

CHEVAL (*Élevage et dressage du*), par de Sourdeval. 1 vol. — **En préparation.** —

CHIMIE (*Introduction à l'étude de la*), contenant les principes généraux de cette science, les proportions chimiques, la théorie atomique, le rapport des poids atomiques avec le volume des corps, l'isomorphisme, les usages des poids atomatiques et des formules chimiques, les combinaisons isomériques des corps catalyptiques, etc., accompagnée de considérations détaillées sur les acides, les bases et les sels, traduit de l'allemand par Ch. Gérhardt, augmentée d'une table alphabétique des matières présentant les définitions techniques et les relations des corps, par J. Liebig. 1 volume . . . . 3 fr.

L'accueil favorable que cette traduction a rencontré en France rappelle le succès obtenu en Allemagne par l'édition originale de l'illustre savant, considéré à juste titre comme l'un des princes de la chimie moderne.

CHIMIE (*Éléments de*), par le Dr SACC, professeur à l'Académie de Neuchâtel (Suisse), membre correspondant de la Société nationale de l'agriculture, professeur à Genève, etc. 2 volumes.

PREMIÈRE PARTIE. — **CHIMIE MINÉRALE** ou synthétique. 1 vol. . . . . 3 fr. »

SECONDE PARTIE. — **CHIMIE ORGANIQUE** ou asynthétique. 1 vol. . . . . 3 fr. »

Ce petit traité, comme le dit l'auteur, n'a qu'une ambition, celle de faire aimer cette admirable science, d'en exposer aussi brièvement que possible le champ immense de manière à la rendre abordable à tous. C'est la première tentative d'une *chimie naturelle* et pure. L'auteur, laissant de côté tous les systèmes, aborde donc une voie qui doit devenir féconde.

CHIMIE GÉNÉRALE ÉLÉMENTAIRE, d'après les principes modernes, avec les principales applications à la médecine, aux arts industriels et à la pyrotechnie, comprenant l'analyse chimique qualitative et quantitative. Ouvrage publié avec l'approbation de M. le ministre de la Marine et des Colonies, par Frédéric HÉTET, professeur de chimie aux écoles de la marine, pharmacien en chef, officier de la Légion d'honneur, membre de plusieurs sociétés savantes. 2 volumes avec 174 figures dans le texte . . . . 10 fr.

SOMMAIRE DES PRINCIPAUX CHAPITRES. — Nomenclature chimique. — Notation chimique. — Lois des combinaisons. — Théorie atomique. — Acides. — Sels. — Éléments monoatomiques. — Série du chlore. — Série du brome. — Série de l'iode. — Fluor. — Série du cyanogène. — Métalloïdes diatomiques. — Série de l'oxygène. — Protoxyde d'hydrogène. — Eau. — Eaux potables. — Série du soufre. — Métalloïdes triatomiques. — Série du bore. — Métalloïdes tripentatomiques. — Série de l'azote. — Combinaisons de l'azote avec l'hydrogène. — Composés oxygénés de l'azote. — Agents explosifs modernes. — Analyse de l'acide azotique. — Série du phosphore. — Combinaisons oxygénées du phosphore. Série de l'arsenic. — Série de l'antimoine. — Bismuth. — Uranium. — Tableau résumé des azotoïdes. — Métalloïdes tétratomiques. — Série du silicium. — Série du carbone. — Gaz d'éclairage. — Combinaisons avec l'oxygène. — Sulfure de carbone. — Feux liquides de guerre. — Dosage du carbone. — Analyse des gaz et des mélanges gazeux. — Série de l'étain. — Généralités sur les métaux. — Métaux positifs. — Première classe. — Monoatomiques. — Potassium. — Poudres. — Alcalimétrie. — Sodium. — Fabrication de la soude. — Lithium. — Analyse spectrale. — Rubidium. — Césium. — Thallium. — Argent. — Alliages d'argent. — Azotate d'argent. — Réaction des sels d'argent. — Dosage de l'argent. — Métaux de la deuxième classe ou biatomique. — Calcium. — Oxydes de calcium. — Usages de la chaux. — Sulfures de calcium. — Plâtre. — Cuisson du plâtre. — Phosphates calciques. — Carbonate de calcium. — Baryum. — Strontium. — Magnésium. — Oxyde de magnésium. — Zinc. — Oxyde de zinc. — Cadmium. — Cuivre. — Laitons. — Bronzes. — Oxyde de cuivre. — Acétate de cuivre. — Réactions des sels de cuivre. — Mercure. — Chlorure de mercure. — Iodure de mercure. — Sulfate de mercure. — Fulminate de mercure. — Plomb. — Oxyde de plomb. — Minium. — Céruse. — Cobalt. — Nickel. — Chrome. — Manganèse. — Oxydes de manganèse. — Bioxyde de manganèse. — Fer. — Préparation de l'acier. — Usages du fer et de l'acier. — Propriété du fer et de l'acier. — Combinaisons du fer. — Analyse des combinaisons du fer. — Analyses des fontes et aciers. — Métaux triatomiques. — Or. — Dorure. — Métaux tétratomiques. — Molybdène. — Platine. — Amorces à fil de platine. — Osmium. — Iridium. — Palladium. — Aluminium. — Aluns. — Kaolins. — Argiles. — Mortiers. — Ciments. — Poteries. — Bétons. — Action de l'eau de mer. — Mastics. — Photographie.

CHIMIE INORGANIQUE appliquée à l'agriculture (Voir Sciences physiques, page 57).

CHIMIE ORGANIQUE appliquée à l'agriculture (Voir Sciences physiques, page 57).

CHIMISTE-AGRICULTEUR (*Manuel du*), par A.-F. POURIAU. 1 volume avec 148 figures dans le texte, et de nombreux tableaux, suivi d'un appendice. . . 6 fr.

Ce volume forme en quelque sorte le complément de la *Chimie organique* et de la *Chimie inorganique*. Il fait connaître les diverses manipulations qui sont décrites avec un très grand soin. Il contient, en outre, un grand nombre d'indications d'une utilité toute pratique.

L'intention de l'auteur en le publiant a été d'offrir aux personnes qui s'occupent de chimie agricole un guide renfermant la description des méthodes les plus simples à suivre dans l'analyse des divers composés naturels ou artificiels qui sont du domaine de l'agriculture. Désireux de mettre son livre à la portée de tout le monde, l'auteur a toujours eu le soin, dans l'exposé de ses méthodes, d'établir deux catégories d'essais. Les unes essentiellement pratiques et accessibles à tous, et les autres plus exactes et qui exigent une plus grande habitude des manipulations chimiques.

CHOIX D'UNE CARRIÈRE (*Le*), par MORTIMER D'OCAGNE. 1 vol. — **En préparation.** —

CODE DES BRIS ET NAUFRAGES (Voir Bris et Naufrages, page 20).

COLLODION SEC (*Manuel pratique de*) au tanin et de tirage économique des épreuves positives, suivi d'une étude sur la rectitude et le parallélisme des lignes en photographie, par le comte Ludovico de COURTEN, photographe. 1 volume avec figures dans le texte et une très belle photographie. . . . . 4 fr.

CONFÉRENCES AGRICOLES (*Guide pratique des*), accompagné d'un appendice comprenant des notes et des instructions pratiques puisées dans les Annales du Génie civil, par L. GOSSIN, cultivateur, professeur d'agriculture dans l'Oise. 1 volume. . . . . 1 fr.

(Ouvrage recommandé officiellement pour les écoles normales, etc.)
Dans les grandes villes, on tient des conférences ; M. Gossin a rêvé les conférences au village, des conversations intimes, familières, fructueuses. Dévoué depuis de longues années à l'enseignement rural, M. Gossin possède de plus l'art de la démonstration facile, et sa parole sympathique est écoutée avec plaisir et par conséquent avec fruit.

CONSEILLERS GÉNÉRAUX (*Manuel des*). Loi organique des conseillers généraux, avec les commentaires officiels, par J. ALBIOT. (*Code départemental.*) 1 volume. 4 fr.

Cet ouvrage peut être considéré comme un aide-mémoire à l'aide duquel les personnes notables appelées, en qualité de conseillers généraux, à discuter les intérêts de leur département, trouveront de nombreux renseignements relatifs à la législation qu'ils auront à appliquer.

CONSEILLERS COMMUNAUX (*Manuel des*). 1 vol. — En préparation. —

CONSTRUCTEUR (✳ *Guide pratique du*). Dictionnaire des mots techniques employés dans la construction, à l'usage des architectes, propriétaires, entrepreneurs de maçonnerie, charpente, serrurerie, couverture, etc., renfermant les termes d'architecture civile, l'analyse des lois de voirie, des bâtiments, etc., par L.-P. PERNOT, officier de la Légion d'honneur, architecte-vérificateur des travaux publics. Nouvelle édition, corrigée, augmentée et entièrement refondue, par C. TRONQUOY, ingénieur civil, et Ch. BAYE. 1 volume . . . . 4 fr.

CONSTRUCTEUR (Voir Maçonnerie, page 43).

CONSTRUCTIONS A LA MER (*Études et notions sur les*), par BOUNICEAU, ingénieur en chef des ponts et chaussées. 1 volume avec atlas de 44 planches in-4°, dont plusieurs doubles . . . . 18 fr.

Cet ouvrage est le résumé d'études longues et consciencieuses d'un des ingénieurs en chef les plus distingués du corps national des ponts et chaussées. M. Bouniceau a attaché son nom à des travaux d'une haute importance. Son travail devra être médité par tous ceux qu'intéressent les nouveaux développements que doivent prendre les constructions conçues en vue d'améliorer les ports de mer et les ouvrages nécessaires à la préservation des côtes. L'atlas qui accompagne ces études est remarquable sous le rapport du choix des planches et de leur exécution.
Définitions et préliminaires. — Avant-ports. Bassins. Darses. — *Môles ou brise-lames.* — Môles à claire-voies. Môles anciens. Môles modernes. — *Jetées.* Ports à marée. Chenaux. Dragues. Musoirs. Remorquage à vapeur dans les chenaux. — *Ports d'échouage :* Épaisseur des quais. Écluses. Portes d'èbe et de flot. Manœuvre des portes. Pose des portes. Ponts sur les écluses. *Bassins à flot :* leur forme, leur largeur, leur superficie. Valeur des places à quai. — *Nettoyage des ports. — Ouvrages pour la construction et le radoubage des na-*

vires : Cales de construction. Cales de débarquement. Machines élévatoires. — *Ports dans les rivières à marée.* — *Canaux maritimes.* — *Ouvrages à l'issue des ports de commerce.* Phares. Phares en fer sur pieux à vis. Phares flottants. Feux de port. Bouées, Balises. — *Matériaux de construction. Mortiers.* Pierres, sables, chaux et ciments. Fabrication des mortiers. Briques, bois. Fondations par épuisement. Fondations mixtes sur pilotis. Fondations en rade.

CORPS GRAS INDUSTRIELS (*Guide pratique de la connaissance et de l'exploitation des*), contenant l'histoire des provenances, des modes d'extraction, des propriétés physiques et chimiques, du commerce des corps gras, des altérations et des falsifications dont ils sont l'objet, et des moyens anciens et nouveaux de reconnaître ces sophistications. Ouvrage à l'usage des chimistes, des pharmaciens, des parfumeurs, des fabricants d'huiles, etc., des épurateurs, des fondeurs de suif, des fabricants de savon, de bougie, de chandelle, d'huile et de graisses pour machines, des entrepositaires de graines oléagineuses et de corps gras, etc., par Th. CHATEAU, chimiste, ex-préparateur au Muséum d'histoire naturelle. 2ᵉ édition, augmentée d'un appendice. 1 volume avec tableaux. . . . . 4 fr.

M. Chateau, en publiant la première édition de cet ouvrage, avait eu pour but de donner aux chimistes et aux manufacturiers une histoire aussi complète que possible des corps gras industriels employés tant en France qu'à l'étranger, et considérés au point de vue de leur provenance, de leur extraction, de leur composition, de leurs propriétés physiques et chimiques, de leur commerce et de leurs altérations spontanées ou frauduleuses.

Dans la nouvelle édition, M. Chateau a ajouté à sa monographie des corps gras un appendice renfermant quelques corrections indispensables et d'importantes additions.

COUPE et **CONFECTION** de vêtements de femmes et d'enfants (*Méthode de*). — Travaux à aiguille usuels. — Cours de couture en blanc. — Raccommodage. — Méthode de **TRICOT**. — Art de la coupe et de la confection en général, par Elisa HIRTZ. 1 volume avec 154 figures. . . . . 3 fr.

COTONNIER (*Guide pratique de la culture du*), par SICARD. 1 volume avec figures dans le texte. . . . . . 2 fr.

La culture du cotonnier ne peut convenir qu'à de certaines contrées. M. Sicard, qui l'a expérimentée avec succès et pendant de longues années dans les provinces du Midi et en Algérie, a publié cet ouvrage pour faire profiter le public de l'expérience qu'il avait acquise dans la culture de cet arbrisseau.

L'ouvrage est enrichi de dessins exécutés d'après la photographie et d'une exactitude rigoureuse.

CUBAGE et **ESTIMATION DES BOIS** (Voir Bois, page 19).

CULTURES EXOTIQUES. Guide pratique de la culture de la **CANNE A SUCRE**, du **CAFIER**, du **CACAOYER**, suivi d'un traité de la **FABRICATION DU CHOCOLAT**, par BOURGOIN D'ORLI. 1 volume. . . . . 4 fr.

CULTURE MARAICHÈRE (*✳ Manuel pratique de*). 6e édit., augmentée d'un grand nombre de figures et de plusieurs articles nouveaux. Ouvrage couronné d'une médaille d'or par la Société centrale d'agriculture, d'une grande médaille de vermeil par la Société centrale d'horticulture, par COURTOIS-GÉRARD. 1 volume avec 89 figures dans le texte. . . . . 4 fr.

Figure spécimen du *Guide de culture maraîchère.*

Outre les récompenses honorifiques qui viennent d'être mentionnées, l'auteur de ce manuel a obtenu une attestation qui garantit la valeur de son travail aux yeux du public, en même temps qu'elle constate l'exactitude de ses recherches et l'utilité des notions renfermées dans son ouvrage. Cette attestation émane de vingt-cinq jardiniers maraîchers de la ville de Paris qui, après avoir entendu la lecture du travail de M. Courtois-Gérard, déclarent qu'ils lui donnent toute leur approbation, comme étant conforme aux bonnes méthodes de culture en usage parmi eux, et autorisent l'auteur à le publier sous leur patronage.

Cet ouvrage est officiellement recommandé pour les écoles normales, etc. Cette nouvelle édition a été augmentée d'un chapitre sur la culture des porte-graines et d'un vocabulaire maraîcher.

Table des principaux chapitres :

Marais pour culture de pleine terre. — Marais pour culture de primeurs. — Analyse des terres. — De l'établissement d'un jardin maraîcher. — Engrais et pailles. — Outillage. — Diverses opérations. — La culture des porte-graines. — Destruction des insectes. — Des maladies des plantes. — Calendrier du maraîcher ou travaux manuels. —Vocabulaire du maraîcher.

D

DESSINATEUR (✳ *Comment on devient un*), par
Viollet-le-Duc. 1 volume, orné de 110 dessins par l'auteur
et d'un portrait de Viollet-le-Duc. 11° édition . . . . . 4 fr.

Extrait de la table des matières. — Notables découvertes. — Comment il
est reconnu que la géométrie s'applique à plusieurs choses. — Autres découvertes touchant la lumière et la géométrie descriptive. — Où on commence
à voir. — Une leçon d'Anatomie comparée. — Opérations sur le terrain. —
Cinq ans après. — Où une vocation se dessine. — Douze jours dans les Alpes.
— Conclusion.

DESSIN LINÉAIRE (*Guide pratique pour l'étude
du*) et de son application aux professions industrielles, par
A. Ortolan, mécanicien chef de la marine de l'Etat, et
J. Mesta, mécanicien principal. 1 volume avec un atlas
de 41 planches doubles. Le volume, 4 fr.; l'atlas, 2 fr. —
L'ouvrage complet . . . . 6 fr.

Cet ouvrage recommandable est aujourd'hui adopté dans plusieurs écoles industrielles; on le trouve dans tous les ateliers. Un dictionnaire des termes techniques lui sert d'introduction, ce qui a permis aux auteurs de donner dans le
cours de leur travail des indications sur les détails, sans obliger l'élève à recourir au texte des premières leçons. C'est donc par la nomenclature des instruments indispensables à l'étude du dessin que les auteurs ont débuté, puis ar-
rivant à l'application, ils donnent la définition des lignes géométriques : le
point, la ligne droite, brisée, courbe ; arc de cercle, rayon ; les angles. — Tracé
des parallèles et des perpendiculaires. — Construction des angles. — Figures
géométriques. — Des triangles. — Des quadrilatères. — Tangentes et sécantes à
la circonférence. — Angles inscrits et circonscrits à la circonférence. — Poly-
gones réguliers, figures inscrites et circonscrites. — Définition et construction.
— Mesure et divisions des lignes. — Mesure des angles. — Rapporteurs. — Des
solides. — Du plan horizontal et du plan vertical, des projections, des croquis,
de la vis. — Exécution d'un dessin d'après un croquis coté et sur une échelle de
convention. — Exécution d'un dessin d'ensemble avec projection de coupe. — Des
engrenages ou roues dentées. — De quelques courbes et de leur tracé. — Rédaction et copie d'un dessin. — Dessins ombrés au tire-ligne, du lavis, etc., etc.

DICTIONNAIRE DES FALSIFICATIONS
(Voir Falsifications, page 34).

DICTIONNAIRE DU CONSTRUCTEUR (Voir
Constructeur, page 26).

**DICTIONNAIRE DES TERMES TECH-
NIQUES** (Voir Termes techniques, page 58).

DICTIONNAIRE DES COSMÉTIQUES ET PARFUMS (Voir Parfumeur, page 50).

DOUANE (*Recueil abrégé des lois et règlements sur la*), son organisation, son personnel et ses brigades, par Eugène LELAY, capitaine des douanes. 1 volume. 4 fr.

TABLE DES MATIÈRES. — *Des Douanes et de leur organisation.* — *Attributions du personnel.* — *Service actif ou des brigades.* — *Lois générales relatives au personnel.*

DRAINAGE (*Guide pratique de*): résultats d'observations et d'expériences pratiques, traduit pour l'usage des agriculteurs français par C. Hombourg, par C.-E. KIELMANN, directeur de l'École agricole de Haasenfelde. 1 volume avec figures dans le texte . . . . 2 fr.

La plupart des ouvrages publiés sur le drainage sont le résultat d'études théoriques que l'expérience n'a pas encore sanctionnées. M. Kielmann est entré dans une autre voie : il n'a eu recours à la théorie qu'autant que cela était nécessaire pour expliquer certains phénomènes. Comme il le dit dans sa préface, il voulait offrir à ceux qui commencent à s'occuper du drainage, et même au plus petit cultivateur, un livre à la lecture facile et surtout compréhensible.

Extrait de la table des matières. — Quels sont les terrains qui ont besoin d'être drainés. — De la fabrication des tuyaux, leur longueur, largeur et épaisseur. — Préparation d'une bonne matière pour la confection des tuyaux. — Machine à étirer les tuyaux, préparation de l'argile. — De la cuisson des tuyaux, des travaux préparatoires, nivellement des tranchées, circulation de l'air à travers les tuyaux. — De la quantité d'eau qui s'écoule par les drains, etc.

DROIT MARITIME INTERNATIONAL ET COMMERCIAL (*Notions pratiques de*), par Alph. DONEAUD, professeur à l'Ecole navale. *Aide-mémoire de l'officier de marine*, marine militaire et marine marchande. 1 volume. . . . . 3 fr.

Les derniers traités de commerce ont augmenté dans des proportions considérables les relations internationales. Cet ouvrage de M. Doneaud devient donc d'une grande utilité pratique. Nous ajouterons que ce livre commence une série de volumes dont l'ensemble formera, dans notre bibliothèque, l'*Aide-mémoire* de l'officier de marine.

Extrait de la table des matières. — De la mer et des fleuves. — Droit international en temps de paix. — Droit commercial. — Droit maritime international en temps de guerre. — Documents officiels. — Bibliographie des principaux ouvrages à consulter pour le droit des gens en général, le droit international maritime et le droit commercial.

DYNAMITE et AGENTS EXPLOSIFS. 1 volume. — En préparation. —

E

ÉCOLES DE FRANCE (*Les grandes*). Écoles militaires, Écoles civiles, par MORTIMER D'OCAGNE. 3ᵉ édit. 1 volume. . . . . 3 fr.

ÉCONOMIE DOMESTIQUE (*Guide pratique d'*), publié sous forme de dictionnaire, contenant des notions d'une *application journalière :* chauffage, éclairage, blanchissage, dégraissage, préparation et conservation des substances alimentaires, boissons, liqueurs de toutes sortes, cosmétiques, hygiène, par le docteur B. LUNEL. 1 vol. 2 fr.

ÉCURIES et **ÉTABLES** (Voir Habitations des animaux, page 37).

ÉLECTRICIEN (*L'Ingénieur*). Guide pratique de la construction et du montage de tous les appareils électriques à l'usage des amateurs, ouvriers et contremaîtres électriciens, par H. de GRAFFIGNY. 1 vol. illust. de 109 fig. 4 fr.

· *Extrait de la table des matières.* — Première partie. — Histoire de l'électricité. — Producteurs chimiques d'électricité. — Piles. — Accumulateurs. — Producteurs mécaniques d'électricité. — Machines électriques. — Unités et mesures, appareils et étalons électriques. — Moteurs pour la production de l'électricité. — Câbles et conducteurs.

Deuxième partie. — Histoire de la lumière électrique. — Constructions et installations de lampes électriques. — Force motrice, sonneries et allumoirs électriques. — Electro-chimie et électro-métallurgie. — Télégraphie électrique. — La téléphonie.

Troisième partie. — Récréations électriques. — La maison d'un électricien. — Applications domestiques. — Procédés et recettes utiles, secrets d'atelier. — Revue générale et conclusion.

ÉLECTRICIEN (*Guide pratique de l'ouvrier*). 1 volume. — **En préparation.** —

ÉLECTRICITÉ (*Leçons élémentaires d'*) ou exposition concise des principes généraux de l'ÉLECTRICITÉ ET DE SES APPLICATIONS, par SNOW-HARRIS, annotées et traduites par E. GARNAULT, professeur de physique à l'École navale. 1 volume avec 72 figures dans le texte . . . . 3 fr.

Les leçons de M. Snow-Harris ont eu un grand succès en Angleterre. L'auteur s'est surtout attaché à donner des idées saines, pratiques et théoriques sur les principes généraux de l'électricité et les faits les plus simples qu'il démontre à l'aide d'expériences faciles à répéter.

Le traducteur, qui est lui-même un professeur distingué, a ajouté à l'ouvrage anglais des notes dans lesquelles il donne surtout des aperçus sur les principales applications de l'électricité dans l'industrie.

ENGRENAGES (*Traité pratique du tracé et de la construction des*), de la vis sans fin et des cames, par F.-G. DINÉE, mécanicien de la marine, ex-élève de l'École des arts et métiers de Châlons-sur-Marne. 1 vol. et 17 pl.   3 50

Ce livre répond à un besoin, car depuis longtemps il manquait à toute bibliothèque industrielle : c'est une œuvre de mécanique véritablement pratique.

Il se divise en trois chapitres :

1º Des courbes en usage dans la construction des engrenages ; 2º dimensions des détails et de l'ensemble des engrenages ; 3º tracé des engrenages, des vis sans fin, des cames.

ENTOMOLOGIE AGRICOLE (*Guide pratique d'*), et petit traité de la destruction des insectes nuisibles, par H. GOBIN. 1 volume orné de 42 figures, 2º édit.   4 fr.

Figure spécimen du *Guide d'entomologie agricole*.

Ce traité, d'une lecture attrayante, possède un grand fonds de science. Il se compose de lettres familières adressées à un nouveau propriétaire rural. Tous les insectes qui s'attaquent aux champs et à leurs produits et aux animaux y sont passés en revue, et, ce qui est mieux encore, l'auteur a indiqué le moyen de se débarrasser de cette engeance envahissante. Le livre est terminé par des nomenclatures scientifiques avec les noms français.

ENTREPRISES COMMERCIALES (*Manuel des*). 1 volume. — En préparation. —

ÉPICERIE (*Guide pratique de l'*), ou Dictionnaire des denrées indigènes et exotiques, comprenant : l'étude, la description des objets consommables; les moyens de constater leurs qualités, leur nature, leur valeur réelle; les procédés de préparation, d'amélioration et de conservation des denrées, etc.; contenant, en outre, la fabrication des liqueurs, le collage des vins, et enfin les procédés de fabrication d'une foule de produits que l'on peut ajouter au commerce de l'épicerie, par le docteur B. LUNEL. 1 volume   3 fr.

Le commerce de l'épicerie et des denrées indigènes et exotiques d'un usage journalier est l'un des plus importants et des plus utiles pour la société. Il était regrettable que cette branche si étendue du commerce n'ait pas encore son livre spécial. Sans doute on trouve dans nombre d'ouvrages l'histoire des denrées indigènes et exotiques. Réunir sous forme de dictionnaire toutes ces données éparses, afin de faciliter les renseignements, tel a été le but que s'est proposé le docteur Lunel en publiant son livre sur l'épicerie.

ETHNOGRAPHIE (✳ *Manuel pratique d'*), ou description des races humaines; les différents peuples, leurs caractères naturels, leurs caractères sociaux, divisions et subdivisions des différentes races humaines, par J. D'OMALLIUS D'HALLOY. 5e édition. 1 volume avec une planche représentant les principaux types. . . . . . 4 fr.

Extrait de la table des matières. — De l'ethnographie en général. — De la race blanche. — Du rameau européen, du rameau arménien, du rameau scytique. — De la race brune, du rameau éthiopien, du rameau indou , du rameau indochinois, du rameau malais. — De la race rouge, du rameau hyperboréen, du rameau mongol, du rameau sinique. — De la race noire. — Des hybrides. — Tableaux de la division du genre humain en races, rameaux, familles et peuples.

EXPROPRIÉS POUR CAUSE D'UTILITÉ PUBLIQUE (*Manuel pratique et juridique des*), suivi de deux tableaux donnant le chiffre de la valeur du mètre de terrain dans Paris, et faisant connaître les principales indemnités accordées aux industriels, négociants et commerçants expropriés, par Victor EMION, avocat à la Cour de Paris, ancien sous-préfet. 1 volume . . . . 1 fr.

F

FALSIFICATIONS (*Guide pratique pour reconnaître les*), ou Dictionnaire des falsifications des substances alimentaires (aliments et boissons), contenant : la description de *l'état naturel ou normal des substances alimentaires* et leur *composition chimique*, les moyens de constater leur nature, leur valeur réelle; les altérations spontanées, accidentelles, qu'elles peuvent subir, et les moyens de les prévenir; les altérations et falsifications qui les dénaturent, c'est-à-dire qui en modifient l'aspect, la saveur, les propriétés nutritives, et qui les rendent souvent dangereuses; enfin les moyens chimiques de rendre sensibles les altérations, falsifications et contrefaçons des diverses substances alimentaires, par le docteur LUNEL. 2ᵉ édit. 1 volume. 4 fr.

FÉCULIER et de l'**AMIDONNIER** (*Guide pratique du*), suivi de la conversion de la fécule et de l'amidon en dextrine sèche et liquide, en sirop de glucose, sirop de froment, sirop impondérable; en sucre de raisin, sucre massé, sucre granulé et cassonade, en vin, bière, cidre, alcool et vinaigre, ainsi que leur application dans beaucoup d'autres industries, par L.-F. DUBIEF. 3ᵉ édition. 1 volume avec gravures dans le texte. . . . . 4 fr.

Extrait de la table des matières. — Première partie. — Aperçu historique. — Des substances qui contiennent la fécule. — Composition et conservation de la pomme de terre. — Extraction de la fécule. — Lavage, râpage, tamisage, épuration, séchage, blutage. — Des résidus de la pomme de terre? — Du blanchiment de la fécule. — Rendement de la pomme de terre en fécule. — Conservation, vente et falsification. — Caractères et propriétés de la fécule.

Dans la deuxième partie, l'auteur donne la description des procédés à suivre pour fabriquer les amidons.

La troisième et dernière partie vient compléter les deux premières par les renseignements les plus récents.

Dans cet ouvrage, l'auteur s'est appliqué à dégager son texte de toute gêne scientifique; il a été clair et précis pour mettre son enseignement à la portée de toutes les instructions. Pour chaque sujet, il est entré dans des développements minutieux en indiquant souvent ces tours de mains si indispensables, et que seule, la pratique ordinairement peut apprendre.

FER (*Le*). *Guide pratique du métallurgiste*, son histoire, ses propriétés et ses différents procédés de fabrication, par William FAIRBAIRN, ingénieur civil, membre de la Société royale de Londres, correspondant de l'Institut de France, etc., ouvrage traduit de l'anglais, avec l'approbation de l'auteur, et augmenté de notes et d'un appendice, par M. Gustave MAURICE, ingénieur civil des mines. 1 volume avec 68 figures dans le texte . . . . 4 fr.

Depuis longtemps, le nom de M. Fairbairn fait autorité dans l'industrie du fer. Après avoir tracé l'histoire des progrès de la fabrication du fer, l'auteur donne les analyses des minerais et des combustibles dans leurs rapports avec les résultats des différents procédés de fabrication. M. Maurice a complété sa traduction par des notes et un appendice. Il a éliminé tout ce que le texte original pouvait présenter de trop exclusivement rédigé en vue de la métallurgie anglaise.

Extrait de la table des matières. — Histoire de la fabrication du fer. — Les minerais des différentes parties du monde. — Les combustibles : charbon de bois, tourbe, coke, houille. — Production des combustibles dans le monde entier. — Réduction des minerais. — Transformation de la fonte en fer. — Des machines employées pour forger le fer. — La forge. — Le procédé Bessemer. — Fabrication de l'acier. — Trempe et recuite de l'acier. — De la résistance et des autres propriétés mécaniques de la fonte, du fer et de l'acier. — Composition chimique de la fonte. — Statistique de l'industrie sidérurgique, etc.

FERMENTS ET FERMENTATIONS. *Travailleurs et malfaiteurs microscopiques*, par I.-A. REY. 1 volume avec figures . . . . 4 fr.

Microbes de l'eau

Extrait de la table des matières. — Fermentation alcoolique. — Saccharomyces. — Le vin, la bière, le pain, l'alcool de grain, boissons fermentées. — Ferments des maladies du vin. — Fermentations par oxydation, lactique, caséique, putrides, butyrique. — Microbes des maladies contagieuses. — Microbes coloristes.

G

GÉOGRAPHIE (*Traité de*) physique, ethnographique et historique à l'usage des artistes, des écoles d'architecture et des gens du monde, par O. LESCURE, professeur à l'École centrale d'architecture. 1 volume.   3 fr.

Ce traité est le développement du programme de géographie sur lequel sont interrogés les candidats à l'Ecole spéciale d'architecture.

GÉOLOGUE (*Manuel du*), par DANA, traduit et adapté de l'anglais par W. HOUTLET. 1 volume avec 363 figures. 2ᵉ édition. . . . . 4 fr.

TABLE DES MATIÈRES. — *Introduction.* — *Géologie physiographique.* — Traits généraux de la surface terrestre. — Système des formes terrestres. — *Géologie lithologique.* — Constitution des roches. — Condition et structure des masses rocheuses. — Règne animal. — Règne végétal. — *Géologie historique.* — Age archéen. — Temps paléozoïque. — Temps mésozoïque. — Temps cénozoïque — Ere de l'intelligence. — *Observations générales sur l'histoire géologique.* — Durée des temps géologiques. — Progrès de la vie. — *Géologie dynamique.* — Vie. — Atmosphère. — Eau. — Chaleur. — Mouvements dans la croûte terrestre et leurs conséquences. — *Appendice.* — Instruments de géologie. — Échantillons.

Gravure spécimen du *Manuel du Géologue.*

GÉOMÈTRE ARPENTEUR (*Guide pratique du*), comprenant l'arpentage, le nivellement, le levé des plans et le partage des propriétés agricoles, avec un appendice sur le calcul des solides ; 3ᵉ édition, entièrement refondue, par P.-G. GUY, ancien élève de l'Ecole polytechnique, officier d'artillerie. 1 volume avec 183 figures. . . . . 4 fr.

L'auteur, en publiant cet ouvrage, a eu pour intention d'en faire un *vademecum* utile aux ingénieurs, aux conducteurs des ponts et chaussées, aux agents voyers, géomètres, arpenteurs, etc. Son format portatif permet de pouvoir le consulter sur le terrain ; il est un abrégé d'un grand nombre d'ouvrages encombrants, dont il présente toutes les données nécessaires pour connaître et vérifier la contenance des pièces de terre et pour en construire un plan exact.

GÉOMÉTRIE ÉLÉMENTAIRE (*Leçons de*), par Ch. ROZAN, professeur de mathématiques. 1 volume avec un atlas de 31 planches doubles. Le volume, 4 fr.; l'atlas, 2 fr.; l'ouvrage complet. . . . . 6 fr.

En résumant les principes essentiels de la géométrie élémentaire, ceux qui conduisent directement à la mesure des lignes, des surfaces et des corps, l'auteur s'est attaché surtout à faire sentir la liaison qui existe entre ces principes, la manière dont ils découlent les uns des autres par un enchaînement continuel de déductions et de conséquences. Il s'est donc attaché à couper le discours aussi peu que possible, et à dire d'une seule traite tout ce qui se rattache à un même ordre de questions. Il le dit très brièvement, pour ne pas fatiguer l'attention ou faire perdre de vue le point de départ ; cette rapidité des démonstrations n'a cependant rien ôté à leur clarté.

H

HABITATIONS DES ANIMAUX (✳ *Guide pratique pour le bon aménagement des*), par E. GAYOT, membre de la Société centrale d'Agriculture de France. Cet ouvrage se compose de 2 parties.

1re partie : ✳ les **ÉCURIES ET LES ÉTABLES**. 1 volume avec 63 figures. . . . . 3 fr.

2e partie : ✳ les **BERGERIES ET LES PORCHERIES**, les habitations des animaux de la basse-cour, clapiers, oiselleries et colombiers. 1 volume avec 65 figures . . . 3 fr.

Aucun animal ne saurait être développé dans ses facultés natives, dans ses aptitudes propres, et produire activement dans le sens de ces dernières, si on ne le place dans les meilleures conditions d'alimentation, de logement, de multiplication. M. Gayot, avec l'autorité d'une longue expérience, a réuni dans ces deux volumes les conditions générales d'établissements et les dispositions particulières aux diverses espèces d'animaux.

1re PARTIE. — *Écuries et Étables. Extrait de la table des matières.* — Le sujet à vol d'oiseau. — Des effets de l'air pur et de l'air vicié sur l'économie animale. — L'aération : les portes et fenêtres, barbacanes et ventilateurs. *Dispositions particulières aux diverses espèces* : les dimensions intérieures, encore les portes et fenêtres, de l'aire des écuries, le plancher supérieur des écuries, arrangement intérieur et ameublement des écuries, les séparations, les boxes, établissements spéciaux, la température des écuries. *Les étables de l'espèce bovine* : l'aération, l'aire des étables, les dimensions et l'aménagement intérieurs, les boxes, règle d'hygiène générale, établissements spéciaux.

2e PARTIE. — **Les Bergeries** : de l'habitation en plein air, le parc des champs, le parc domestique, les abris brise-vent. — DE L'HABITATION COUVERTE : conditions particulières à l'établissement des bergeries, les portes et fenêtres, l'aération, les bâtiments, les aménagements intérieurs, auges et râteliers. — LA PORCHERIE : les conditions spéciales, la construction, les portes et fenêtres, les aménagements essentiels, les auges, dispositions particulières de l'ensemble. — *Les habitations de la basse-cour* : l'habitation du dindon, l'habitation de l'oie, la demeure du canard, le colombier et la volière, la faisanderie, etc., etc.

HERBORISEUR (✳ *Manuel de l'*). Comment on devient botaniste. — Clefs analytiques. — Description des genres et des espèces, suivie d'un vocabulaire. par E. GRIMARD. 6ᵉ édition. 1 volume . . . . 4 fr.

HYDRAULIQUE ET D'HYDROLOGIE sou-**terraine et superficielle** (*Guide pratique d'*), ou traité de la science des sources, de la création des fontaines, de la captation et de l'aménagement des eaux pour tous les besoins agricoles et industriels, par LAFFINEUR. 1 volume avec figures . . . . 3 fr. 50

HYDRAULIQUE URBAINE ET AGRICOLE (*Guide pratique d'*). LAFFINEUR, ingénieur civil. 1 volume. — Épuisé. —

HYGIÈNE ET DE MÉDECINE USUELLE (*Guide pratique d'*), complété par le traitement du *choléra épidémique*, par Victor LUNEL. 1 volume . . . . . . 2 fr.

Ce livre ne s'adresse à aucune spécialité de lecteurs et convient à tout le monde. Il se subdivise en hygiène privée et en hygiène publique.

Figure spécimen de *Habitations des animaux*. (Voir page 37.)

I

INGÉNIEUR AGRICOLE (*Guide pratique de l'*).
Hydraulique, dessèchement, drainage, irrigation, etc.; suivi d'un appendice contenant les lois, décrets, règlements et instructions ministérielles qui régissent ces matières, etc., par Jules LAFFINEUR, ingénieur civil et agronome, membre de plusieurs sociétés savantes. 1 volume avec figures et 3 planches. . . . . 3 fr.

Extrait de la table. — Classification des terrains. — Travaux de dessèchement, évaporation, infiltration. — Jaugeage des sources, des ruisseaux et rivières. — Tracé des canaux. — Description des procédés de dessèchement, colmatage, limonage, du drainage. — Irrigation, établissement d'un système d'irrigation. — Murs de soutènement des canaux, revêtements, radiers, déversoirs, barrage, siphon. — Des diverses méthodes d'arrosage. — Mise en culture des terrains à grandes pentes. — Jurisprudence rurale.

INGÉNIEUR ÉLECTRICIEN (Voir Électricien, page 31).

INTRODUCTION A L'ÉTUDE DES BEAUX-ARTS, par CARTERON. 1 volume. — En préparation.

EXTRAIT DE LA TABLE DES MATIÈRES : *La Peinture.* — Étude pratique et raisonnée du dessin.

Genres différents de la Peinture. — Peinture d'histoire et peinture religieuse. — Peinture de genre. — Portrait. — Paysage.

Histoire de la Peinture et aperçu des différentes écoles. — *Sculpture et statuaire.* — *Histoire de la sculpture.* — *L'Architecture.* — *Les Artistes.*

INTRODUCTION A L'ÉTUDE DE LA CHIMIE (Voir Chimie, page 23).

INTRODUCTION A L'ÉTUDE DE LA PHYSIQUE (Voir Physique, page 51).

INVENTEURS en France et à l'Étranger (*Les droits des*). Conseils généraux. — Brevets d'invention. — Péremption. — Vente. — Licences. — Exploitation. — Géographie industrielle. — Marques de fabrique. — Dessins. — Objets d'utilité, par H. DUFRENÉ, ingénieur civil, ancien élève de l'Ecole des arts et manufactures. 1 volume . . . . 3 fr.

J

JARDINAGE (✻ *Manuel pratique de*), contenant la manière de cultiver soi-même un jardin ou d'en diriger la culture. 9e édition, par COURTOIS-GÉRARD, marchand grainier, horticulteur. 1 volume avec 1 planche et de nombreuses figures dans le texte . . . . 4 fr.

Gravure spécimen du *Manuel de jardinage.*

Nous renvoyons à la note accompagnant le *Manuel de culture maraîchère*, pour les titres de M. Courtois-Gérard, à la confiance publique. Dans le *Manuel du jardinier*, les jardiniers de profession trouveront des conseils, des détails nouveaux et des renseignements pratiques qu'ils peuvent ignorer ; le propriétaire et l'amateur de jardin y puiseront des instructions précises et claires qui leur éviteront toute espèce de méprises et d'erreurs.

Sommaire des principaux chapitres :

Dispositions générales d'un jardin potager. — Calendrier. — Travaux de chaque mois. — Les outils. — Les défoncements. — Les fumiers. — Les arrosements. — Les couches. — Semis. — Repiquages. — Marcottes. — Boutures. — De la greffe. — De la conservation des plantes. — Les maladies des plantes potagères. — La culture des arbres fruitiers. — La culture des arbres d'agrément. — Destruction des animaux nuisibles, etc.

JOAILLIER (*Guide pratique du*), ou Traité complet des pierres précieuses, leur étude chimique et minéralogique, les moyens de les reconnaître sûrement, leur valeur approximative et raisonnée, leur emploi, la description des plus extraordinaires des chefs-d'œuvre anciens et modernes auxquels elles ont concouru, par CH. BARBOT, ancien joaillier, inventeur du procédé de décoloration du diamant brut, membre de plusieurs sociétés savantes. 1 vol. avec 3 planches renfermant 178 figures représentant les diamants les plus célèbres de l'Inde, du Brésil et de l'Europe, bruts et taillés, et les dimensions exactes des brillants et roses en rapport avec leur poids, depuis un carat jusqu'à cent carats. Nouvelle édition, revue, corrigée et annotée par CH. BAYE. 1 vol. . . 4 fr.

L

LAINE peignée, cardée, peignée et cardée (*Traité pratique de la*), contenant : 1re *partie*, mécanique pratique. formules et calculs appliqués à la filature : 2e *partie*, filature de la laine peignée, cardée peignée, sur la Mull-Jenny : 3e *partie*, filage anglais et français sur continu ; 4e *partie*, laine cardée, par Charles LEROUX, ingénieur mécanicien, directeur de filature. 1 volume avec 32 figures dans le texte et 4 planches. . . . . 15 fr.

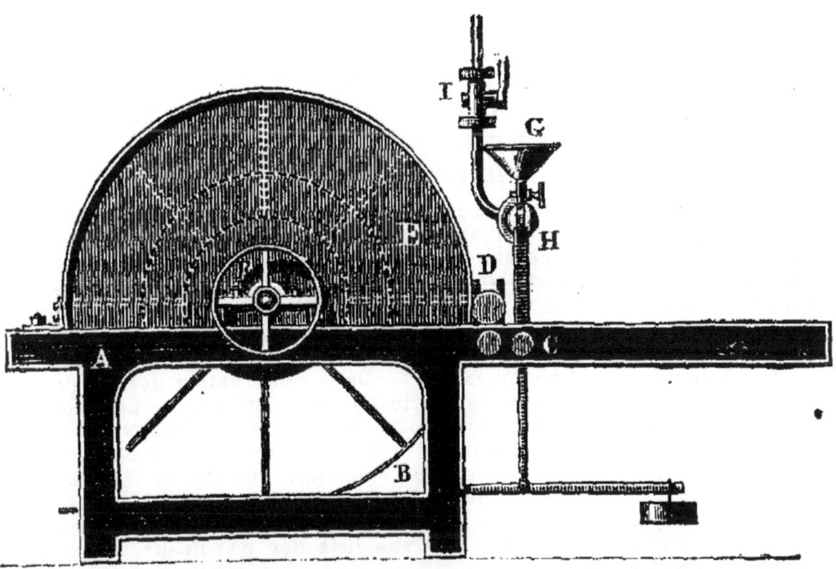

Figure spécimen du *Traité de la Laine*.

Extrait de la table des matières. — Choix d'un moteur. — Transmissions. — Arbres de couche. — Courroies. — Poulies. — Engrenages. — Frottements. — Force des moteurs. — Leviers. — Fabrication. — Triage des laines. — Caractères des laines. — Main-d'œuvre du triage. — Battage. — Nettoyage des laines. — Dessuintage. — Dégraissage. — Graissage des laines. — Disposition mécanique d'un assortiment de cardes. — Aiguisement des garnitures. — Bourrage des garnitures. — Cardages. — Passage au Gill-Box. — Lissage et dégraissage des rubans. — Peignage des laines. — Préparation des laines pour filage français. —Les différents passages. — Filage français sur Mull-Jenny.

LAPINS (✳ *Guide pratique de l'éducation des)*, ou Traité de la race cuniculine, suivi de l'Art de mégisser leurs peaux et d'en confectionner des fourrures, par MARIOT-DIDIEUX. 3e édition. 1 volume . . . . . . 2 fr. 50

L'industrie de l'éducation de la race cuniculine est créée et elle marche vers le progrès. C'est dans le but de la voir se propager dans les campagnes que l'auteur a publié cette nouvelle édition de son *Guide pratique*, en l'enrichissant d'un grand nombre de données nouvelles. En résumé, l'auteur démontre qu'aucune viande ne peut être produite à aussi bon marché que celle du lapin. En terminant sa préface, il adjure les habitants des campagnes de se livrer à l'éducation des lapins, parce qu'ils y trouveront, sans beaucoup de soins, une source abondante de bien-être.

LÉGISLATION PRATIQUE (✳ *Premiers principes de*), appliquée au Commerce, à l'Industrie et à l'Agriculture, par Maurice BLOCK. 2ᵉ édit. 1 volume . . . 4 fr.

LIQUEURS (*Traité de la fabrication des*) françaises et étrangères, sans distillation. 6ᵉ édition, augmentée de développements plus étendus, de nouvelles recettes pour la fabrication des liqueurs, du kirsch, du rhum, du bitter. la préparation et la bonification des eaux-de-vie et l'imitation de celles de Cognac, de différentes provenances, de la fabrication des sirops, etc., etc., par L.-F. DUBIEF, chimiste œnologue. 1 volume. . . . . 4 fr.

Ce traité est formulé en termes clairs et familiers ; la personne la moins expérimentée dans l'art du distillateur, qui en lira attentivement les préceptes, pourra, sans aucun guide, devenir un bon fabricant après quelques essais.

Sommaire de quelques chapitres : — De la composition des liqueurs. — Quantités d'alcool, de sucre et d'eau, pour les différentes classes de liqueurs. — Des teintures aromatiques. — Des infusions. — De la coloration des liqueurs. — Du mélange. — Du perfectionnement des liqueurs par le tranchage. — Du collage des liqueurs. — De la filtration. — De la conservation des liqueurs. — Règle générale pour bien opérer la fabrication des liqueurs. — Considérations à observer. — Des spiritueux aromatiques non sucrés. — Emploi des écumes et des eaux provenant du lavage des filtres. — Formules et préparations des sirops. — De l'alcool. — Du coupage ou mouillage des alcools. — Des eaux-de-vie. — Opérations d'eaux-de-vie à tous les titres avec les alcools d'industrie. — Résumé pour les liqueurs, les eaux-de-vie et les alcools. — Appendice. — L'auteur termine cet ouvrage par une liste des principaux marchés des eaux-de-vie, esprits, etc.

LIQUORISTE DES DAMES (*Le*), ou l'art de préparer en quelques instants toutes sortes de liqueurs de table et des parfums de toilette avec toutes les fleurs cultivées dans les jardins, suivi de procédés très simples et expérimentés pour mettre les fruits à l'eau-de-vie, faire des liqueurs et des ratafias, des vins de dessert, mousseux et non mousseux, des sirops rafraîchissants, etc.. par L.-F. DUBIEF. 1 volume avec figures dans le texte.   3 fr.

Ce que nous avons dit des autres ouvrages de M. Dubief nous dispense de nous étendre sur celui-ci. C'est aux dames qu'il est adressé, et l'accueil qu'il a obtenu prouve suffisamment combien il est utile dans toute bibliothèque de ménage.

M

✳ **MAÇONNERIE** — Guide pratique du Constructeur
— par A. DEMANET, lieutenant-colonel honoraire du génie,
membre de l'Académie royale de Belgique, etc. 1 volume
avec tableaux, accompagné de 20 planches doubles renfermant 137 figures gravées sur acier. . . . . 5 fr.

Extrait de la table des matières. — Des tracés. — Des mortiers et mastics.
— Des appareils. — De l'exécution des maçonneries. — Échafaudages et cintres.
— Outils et appareils. — Décintrements, charges, jointoiement. — Des épais-
seurs à donner aux maçonneries. — Évaluations des travaux de maçonnerie.
— Travaux divers. — Travaux d'entretien et de restauration. — De l'organisation
des chantiers, etc.

MAISON (✳✳ *Comment on construit une*), par VIOLLET-
LE-DUC. 1 volume avec 62 dessins par l'auteur. 5ᵉ édition. . . . . 4 fr.

Gravure spécimen de *Comment on construit une maison*. (Voir page 43.)

Extrait de la table des matières. — Plantations de la maison et opérations
sur le terrain. — La construction en élévation. — La visite au chantier. —
— L'étude des escaliers. — Ce que c'est que l'architecture. — Études théoriques. — La charpente. — La fumisterie. — La menuiserie. — La couverture
et la plomberie. — L'inauguration de la maison.

MANGANÈSES (Voir Potasses, page 54).

MARCHANDISES (*La liberté et le courtage des*), par V. EMION. Commentaire pratique de la loi du 18 juillet 1866. — **Épuisé.** —

MARCHANDISES (Voir Exploitation des chemins de fer, page 23).

MARÉCHALERIE-FERRURE. 1 volume. — **En préparation.** —

MATIÈRES INDUSTRIELLES (*Guide pratique pour l'essai des*), d'un emploi courant dans les usines, les chemins de fer, les bâtiments, la marine, etc., à l'usage des ingénieurs, manufacturiers, architectes, officiers de marine, etc., par Jules GAUDRY, chef du laboratoire des essais au chemin de fer de l'Est. 1 volume avec 37 figures et nombreux tableaux. . . . . 4 fr.

SOMMAIRE DES PRINCIPAUX CHAPITRES : PREMIÈRE PARTIE. — *Principes généraux de l'essai chimique.* — I. Composition et décomposition des corps. — II. Principes fondamentaux de l'analyse. — III. Manipulations chimiques. — IV. Marche de l'analyse. — DEUXIÈME PARTIE. — *Méthode d'essai des principales substances d'emploi courant.* — TROISIÈME PARTIE. *Tableaux* : Tableau A. Des principaux corps simples. — B. Division des bases en cinq groupes. — C. Division des acides en trois groupes. — D. Décomposition de l'eau par les métaux. — E. Analyse de l'eau. — F. États des incinérations. — G. Degré oléométrique des huiles. — H. Tableau comparatif des principaux métaux industriels. — Appareils divers pour les essais.

MÉCANICIEN (✳ *Guide pratique de l'ouvrier*), ou la MÉCANIQUE DE L'ATELIER, par MM. Bonnefoy, Cochez, Dinée, Gibert, Guipont, Juhel et Ortolan, mécaniciens en chef et mécaniciens principaux de la marine de l'État. 3 volumes avec de nombreuses figures dans le texte et 53 planches. 3e édition revue, corrigée et considérablement augmentée par A. Ortolan. Chaque volume, 4 fr.; l'ouvrage complet. . . . . 12 fr.

Extrait de la Préface. — L'*Ouvrier mécanicien* est un recueil de faits réunis sous la forme de calculs arithmétiques accessibles à toutes les personnes qui savent faire les quatre premières règles. Nous ne saurions trop recommander aux ouvriers qui ne sont plus familiarisés avec les signes et les annotations mathématiques élémentaires, de ne pas croire qu'il y a pour eux quelque difficulté à comprendre les formules écrites dans ce livre et à s'en servir. Les calculs qu'elles résument sous la forme la plus simple sont suivis d'un ou de plusieurs exemples d'application.

Les parties du texte imprimées en caractères plus forts contiennent les indications simples et précises sur le plus grand nombre de cas d'application de la mécanique aux professions industrielles. Ces indications proviennent de l'expérience des ingénieurs et des constructeurs en renom et de celle des auteurs du livre.

Les parties du texte imprimées en petits caractères traitent le côté plus théorique que pratique des questions. On peut se dispenser de les étudier, si on ne veut trouver dans *l'Ouvrier mécanicien* que le secours d'un formulaire pour l'application immédiate.

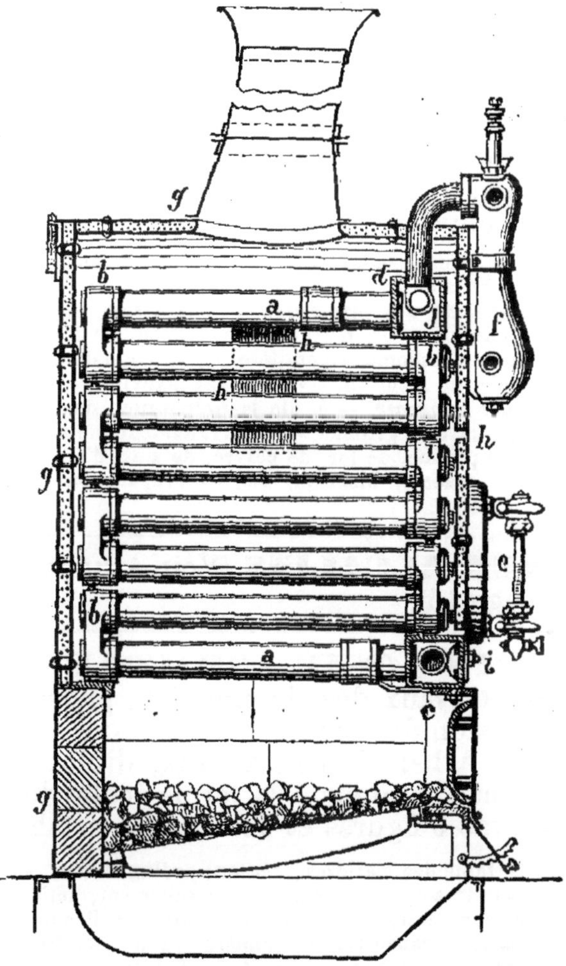

Figure spécimen du *Guide pratique de l'Ouvrier mécanicien*.

Principales divisions de l'ouvrage: Arithmétique. — Algèbre pratique. — Géométrie pratique. — Mécanique élémentaire, forces, transformation des mouvements, résistance des matériaux. — Machines motrices à air, pompes, machines hydrauliques. — Machines à vapeur; de la chaleur, de la vapeur, condensateur, chaudières, données et renseignements divers.

Vingt-cinq tables numériques complètent les données pratiques sur les questions d'application.

MÉCANIQUE (*Introduction à l'étude de la*), par Louis Du Temple, capitaine de frégate en retraite. 1 volume. — **En préparation.** —

MÉDECINE USUELLE (Voir Hygiène et Médecine usuelle, page 38).

MÉTALLURGIE (*Guide pratique de*), ou exposition détaillée des divers procédés employés pour obtenir des métaux utiles, précédé du Dictionnaire des mots techniques employés en métallurgie et de l'essai de la préparation des minerais, par D. L., 1 volume avec 8 planches in-4 gravées sur cuivre comprenant plus de 100 figures .   4 fr.

EXTRAIT DE LA TABLE DES MATIÈRES : Définition et aperçu de l'histoire de la métallurgie. — Vocabulaire des mots techniques métallurgiques. — PREMIÈRE PARTIE. — *De l'essai des minerais.* — Des essais mécaniques par la voie sèche, la voie humide, d'or, d'argent, de platine, de fer, de cuivre, de zinc, d'étain, de plomb, de plomb argentifère par la coupellation, de mercure, d'antimoine, d'arsenic, de bismuth. — DEUXIÈME PARTIE. — *De la préparation et du traitement des minerais.* — I. De la préparation des minerais ; triage, criblage, bocardage, lavage, grillage. — II. Traitement métallurgique des minerais d'or, d'argent, de platine, de fer, de cuivre, de zinc, d'étain, de plomb, de mercure, antimoine, arsenic, bismuth, etc. — Préparation mécanique. — Amalgamation, etc., etc.

MÉTAUX ALCALINS (Voir Aluminium et Métaux alcalins, page 15).

MÉTÉOROLOGIE AGRICOLE (*Manuel de*) appliquée aux travaux des champs, à la physiologie végétale et à la prévision du temps, par F. Canu, météorologiste-publiciste et Albert Larbalétrier, diplômé de l'Ecole de Grignon, sous-directeur à la ferme-école de la Pilletière, 1 volume avec 3 figures et de nombreux tableaux. .   2 fr.

Extrait de la table des matières : *Notions préliminaires.* — *Chaleur :* Action de la chaleur sur le sol, échauffement, dessèchement, action de la chaleur sur la plante, évolution, action physique. — *Lumière :* Production de la chlorophylle, assimilation, transpiration, lumière du sol. — *Humidité de l'air.* — *Brouillard et rosée.* — *Pluie.* — *Froid.* — *Gelées.* — *La neige.* — *Vents.* — *Électricité.* — *Grêle.* — *Les éléments de l'air et le sédiment.* — *Instructions météorologiques.* — *Prévision du temps :* Prévision à longue et à courte échéance, prévisions des gelées nocturnes. — *Tableaux divers.*

MÉTIERS MANUELS (*Le livre des*), répertoire des procédés industriels, tours de main et ficelles d'atelier, recettes nouvelles et inédites, méthodes abréviatives de travail recueillies en vue de permettre aux amateurs, manufacturiers, ouvriers des petites villes et des campagnes d'exécuter aussi bien que les ouvriers spécialistes de Paris tous les travaux usuels d'une utilité journalière, par J.-P. HOUZÉ. 1 volume avec 5 planches hors texte comprenant de nombreux dessins techniques . . . . . . 4 fr.

MINÉRALOGIE USUELLE (*Guide pratique de*). Exposition succincte et méthodique des minéraux, de leurs caractères, de leur composition chimique, de leurs gisements, de leur application aux arts et à l'industrie, par M. DRAPIEZ. 1 volume . . . . 3 fr.

A la lucidité des définitions et à la simplicité de la méthode d'exposition, ce guide joint un mérite qui n'échappera pas aux hommes pratiques ; il contient la description des 1,500 espèces minérales dont il analyse les caractères distinctifs, la forme régulière et la forme irrégulière, les propriétés particulières, les compositions chimiques et les synonymies, les gisements, les applications dans les arts, dans l'industrie, etc.

MINÉRALOGIE APPLIQUÉE (*Guide pratique de*), histoire naturelle inorganique ou connaissance des combustibles minéraux, des pierres précieuses, des matériaux de construction, des argiles céramiques, des minerais manufacturiers et des laboratoires, des minerais de fer, de cuivre, de zinc, de plomb, d'étain, de mercure, d'argent, d'antimoine, d'or, de platine, etc., par A.-F. NOGUÈS, professeur de sciences physiques et naturelles. 2 vol. avec 248 figures. Chaque volume, 4 fr.; l'ouvrage complet. 8 fr.

Cet ouvrage a été écrit principalement pour les personnes qui désirent acquérir des notions justes, pratiques et usuelles sur les minerais métallifères et les minéraux employés dans les arts et l'industrie. Les étudiants qui suivent les cours des Facultés, les élèves des Ecoles spéciales et industrielles, les ingénieurs, les élèves des Écoles des mines, les mineurs, les agriculteurs, les directeurs d'exploitations minières, les gardes-mines, les amateurs et les gens du monde qui voudront acquérir des connaissances pratiques en minéralogie, le consulteront avec fruit.

Ce guide a été conçu dans un esprit essentiellement pratique et industriel. M. Noguès, en publiant cet ouvrage, a voulu offrir au public le cours de minéralogie qu'il professe avec tant de succès à l'Ecole centrale des arts et manufactures de Lyon. — Nous ne donnons pas ici la table des matières contenues dans l'œuvre de M. Noguès, elle est trop considérable, mais nous indiquerons le titre des chapitres.

I. Définitions des termes et généralités. — II. Caractères géométriques des minéraux ou cristallogie. — Cristallogie comparée ou morphologie minérale. — Cristallogénie. — Caractères physiques, chimiques et géologiques des minéraux. — Classification des minéraux. — Description des espèces minérales. — Appendice au carbone. — Organolithes. — Classifications.

N

NATURALISTE (*Manuel du*).—Zoologie, par AGASSIZ et GOULD. Traduit par Élisée Reclus. 1 volume. — **En préparation.** —

O

OCTROIS (*Nouveau manuel des*), par E. LAFFOLAY, inspecteur de l'octroi en retraite. 1 volume avec tableaux . . . . 4 fr.

Observations concernant la rédaction des procès-verbaux. — Formulaire pour la rédaction des procès-verbaux les plus usuels en matière d'octroi, en matière de contributions indirectes et d'octroi et en matière de contributions indirectes inclusivement.

OIES et **CANARDS** (*Guide pratique de l'éducation lucrative des*), par MARIOT-DIDIEUX, vétérinaire. 1 volume . . . . 2 fr. 50

Les ouvrages de M. Mariot-Didieux sont au premier rang parmi ceux qui enrichissent notre bibliothèque. Aussi voulons-nous, pour en mieux faire ressortir le mérite, donner ici le sommaire des principaux chapitres.

1° *L'oie.* — Histoire naturelle. — Races françaises, petite race, grosse race et leurs variétés au nombre de cinq. Races étrangères; elles sont au nombre de douze.— Produits de l'oie, du plumage, de la multiplication, des accouplements, de la ponte, de l'incubation. — Eclosion, nourriture des oisons, nourriture ordinaire des oies. — Logement. — Engraissement. — Foies gras. — Manière de tuer les oies. — Commerce, vente, mégissage des peaux d'oies pour fourrures, — Maladies, hygiène.

2° *Du Canard.* — Histoire naturelle, mœurs. — Races françaises; elles sont au nombre de quatre. — Races étrangères ; on en compte onze principales. — De la ponte. Manière d'augmenter la ponte. — De l'incubation naturelle. — Des canards mulets. — Nourriture et élevage des canetons, engraissement. — Vente des canetons. — Comment on doit tuer le canard. — Du plumage. — Habitation. — Maladies. — Hygiène, etc.

OSTRÉICULTEUR (*Guide pratique de l'*), ou Culture des huîtres et procédés d'élevage et de multiplication des races marines comestibles, histoire naturelle des mollusques et des crustacés. — Causes du dépeuplement progressif des bancs d'huîtres. — Industrie et procédés actuels. — Construction des claires, parcs, viviers, etc. — Exploitation des claires. — Culture des moules. — Élevage des homards, langoustes, etc., par Félix FRAICHE, professeur de sciences mathématiques et naturelles. 1 volume avec figures dans le texte . . . . 3 fr.

Les chemins de fer et la navigation, en diminuant les distances, ont créé pour les races marines comestibles des débouchés qui leur avaient manqué jusqu'alors. De là et d'autres causes que M. Fraiche indique, l'appauvrissement des bancs d'huîtres. L'auteur, qui s'est inspiré des travaux de M. Coste, démontre que l'ostréiculture est une industrie facile à créer et à développer, et qui donne des résultats rémunérateurs à ceux qui savent l'exploiter.

Figure spécimen du *Guide de l'Ostréiculteur*.

P

PAPIER et du **CARTON** (*Guide pratique de la fabrication du*), par A. PROUTEAUX, ingénieur civil, ancien élève de l'École centrale des arts et manufactures, ancien directeur de papeterie. Nouvelle édit. 1 volume avec 8 planches.   4 fr.

EXTRAIT DE LA TABLE DES MATIÈRES. — Historique. — Matières premières. — Fabrication : triage, délissage, blutage, lavage et lessivage, défilage, égouttage, blanchiment, raffinage, collage, matières colorantes, travail de la machine à papier, de l'apprêt. — Fabrication du papier à la cuve ou à la main. — Classification des papiers. — Diverses substances propres à la fabrication du papier. — Papier de paille, papier de bois, papier d'alfa. — Papiers spéciaux. — Analyse chimique des matières employées en papeterie. — Matériel d'une papeterie. — Prix de revient, personnel, administration d'une papeterie. — Fabrication du carton. — Fabrication du papier en Chine et au Japon. — Considérations économiques. — Principaux brevets d'invention français relatifs à l'industrie du papier. — Prix des appareils et des principales matières employées en papeterie.

PARFUMEUR (*Guide pratique du*), dictionnaire raisonné des **cosmétiques et parfums**, contenant : la description des substances employées en parfumerie, les altérations ou falsifications qui peuvent les dénaturer, etc., les formules de plus de 500 préparations cosmétiques, huiles parfumées, poudres dentifrices dilatoires, eaux diverses, extraits, eaux distillées, essences, teintures, infusions, esprits aromatiques, vinaigres et savons de toilette, pastilles, crèmes, etc., par le docteur B. LUNEL. 1 volume rédigé sous forme de dictionnaire avec un appendice. . . . . 4 fr.

La parfumerie est une industrie qui, bien comprise et loyalement faite, se rattache d'un côté à l'hygiène et de l'autre est destinée à satisfaire des goûts et des sensations commandées par le luxe et une civilisation plus ou moins avancée.

M. Lunel divise la fabrication en trois classes : fabrique de parfumerie à bon marché, fabrique dont les produits sont coûteux, et enfin les fabriques mixtes, dans les vastes magasins desquelles ont trouve aussi bien les produits ordinaires que les produits extra-fins.

M. Lunel donne des renseignements précieux sur toutes ces préparations, et son livre a cela de précieux qu'il donne toutes les formules et les secrets de la fabrication.

PERSPECTIVE (*Théorie pratique de la*). Étude à l'usage des artistes peintres, des élèves des Écoles des beaux-arts, des Écoles industrielles. etc., par V. PELLEGRIN, peintre. 1 volume avec 42 figures et 1 planche de 16 figures. . . . . 4 fr.

PHYSIQUE (* *Introduction à l'étude de la*), par Louis
Du Temple, capitaine de frégate en retraite. 1 volume
avec 146 figures, 2e édition . . . . 4 fr.

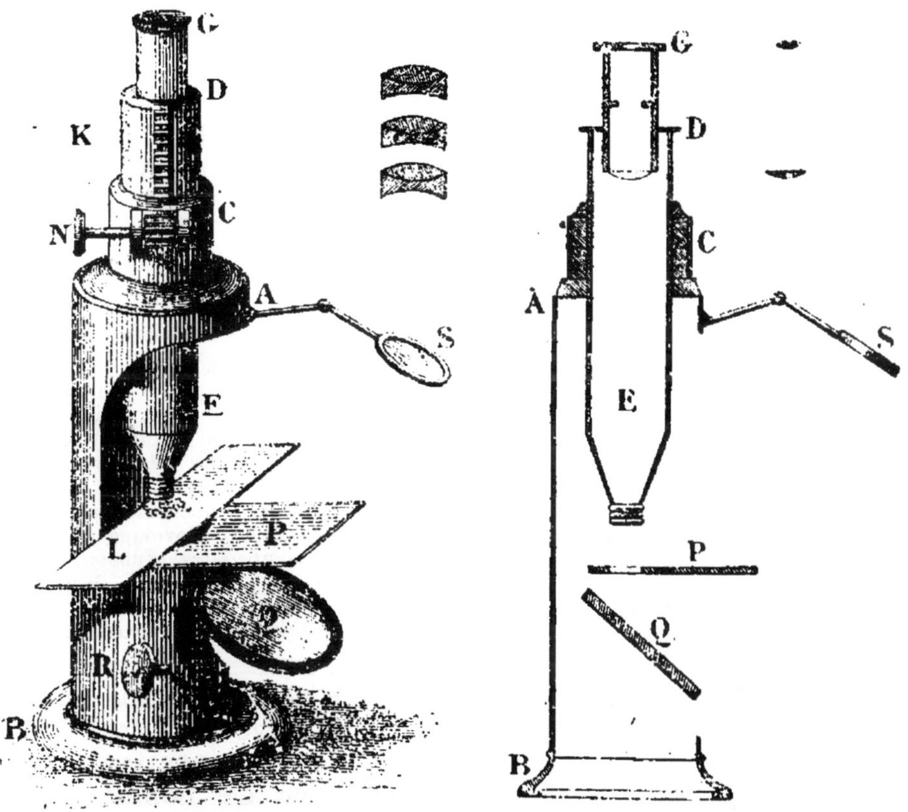

Figure spécimen de l'*Introduction à l'Étude de la physique.*

Sommaire des principaux chapitres : *Quelques définitions de chimie* : Éléments qui entrent dans la composition des corps. — Nomenclature chimique. —
Introduction. — *La Force* : Pesanteur. — Actions moléculaires. — *Calorique et
Chaleur* : Température. — Mode de propagation de la chaleur. — Changement
d'état des corps par la chaleur. — *Lumière.* — Réflexion de la lumière. — Ré-
fraction. — Décomposition et recomposition de la lumière. — Applications diverses des phénomènes de la lumière. — Lunettes. — *Sons.* — Propagation. —
Réflexion. — Vibration. — *Électricité.* — *Électro-Magnétisme.* — *Électro-
Chimie.*

PHOTOGRAPHE (*L'étudiant*), traité pratique de
photographie à l'usage des amateurs, avec les procédés de

MM. Civiale, Bacot, Cavelier, Robert, par A. Chevalier. 1 volume avec 68 figures . . . . 3 fr.

Ce livre est un manuel simplifié de photographie. Il sera utile à tous ceux qui voudront s'occuper des moyens de reproduire la nature à l'aide de la lumière. Comme son titre l'indique, c'est le livre de l'étudiant, et certes nous n'avons, en le livrant à la publicité, qu'un seul désir, celui d'être utile. Nous sommes sûrs des procédés indiqués, car nous avons dû expérimenter nous-mêmes celui relatif au collodion humide.

PIERRES PRÉCIEUSES (Voir Joaillier, page 40).

PISCICULTURE et AQUICULTURE FLUVIALES (*Manuel de*), appliqué au repeuplement des cours d'eau et à l'élevage en eaux fermées, par Albert Larbalétrier, diplômé de l'École d'agriculture de Grignon, ancien élève libre de l'Institut national agronomique, ex-professeur de pisciculture, etc., 1 volume avec figures et tableaux. . . . . 4 fr.

Extrait de la Table des matières. — *Pisciculture d'eau douce.* — Notions préliminaires. — Première Partie : *Les Poissons.* — Considérations générales. — Organisation des poissons. — Classification des poissons. — Description des ordres de poissons. — Nature des eaux douces. — Description, mœurs et genre de vie des principales espèces de poissons. — Deuxième Partie : *Les procédés de multiplication et d'élevage.* — La Pisciculture naturelle : les Étangs, aménagement des cours d'eau. — La Pisciculture artificielle : Acclimatation des poissons, Fécondations artificielles, Incubation et éclosion, Alevinage et élevage, transport des œufs et des poissons, Frayères artificielles, Ennemis des Poissons. — Troisième Partie : *Pêche en eau douce et législation.* — Pêche à la ligne, Pêche au filet. — Législation : Lois et règlements, Historique et considérations générales. — Quatrième Partie : *Culture spéciale des Crustacés et Annélides d'eau douce.* — Écrevisse, Sangsues.

PLANTES FOURRAGÈRES (*Guide pratique pour la culture des*), par A. Gobin, ancien élève de l'École de Grand-Jouan, ancien directeur de la colonie pénitentiaire du Val-d'Yèvres (Cher). 1 volume avec de nombreuses figures. . . . . 4 fr.

Première partie. — PRAIRIES NATURELLES, PATURAGES.

Figure spécimen du *Guide pratique pour la culture des Plantes fourragères.*

Deuxième partie. —**PRAIRIES ARTIFICIELLES, PLANTES, RACINES.**

Figure spécimen du *Guide pratique pour la culture des Plantes fourragères.*

Les fourrages sont la base de toute culture, et il est admis aujourd'hui, par tous les agriculteurs intelligents, que pour avoir du blé il faut faire des prés. M. Gobin, guidé par sa grande expérience, a voulu rédiger un guide tout pratique indiquant tout ce qui doit être observé pour obtenir les meilleurs résultats et éviter les dépenses inutiles : mais, comme il le dit dans sa préface, si le titre même de son livre lui a fait une loi de se restreindre à la culture des plantes fourragères et de s'abstenir de considérations scientifiques inutiles au but qu'il poursuit, il ne s'est pas interdit les applications pratiques des sciences, en tant qu'elles se rapportent à l'explication des phénomènes ou à l'amélioration des méthodes de culture. « C'est là, en effet, dit-il, ce que nous entendons par la pratique, et non point seulement la routine manuelle, qui consiste à savoir tenir les mancherons de la charrue, charger une voiture de gerbes ou manier la faux, celle-ci suffit à un ouvrier, celle-là est nécessaire au moindre cultivateur intelligent. »

Ce guide peut être considéré comme le résumé des leçons professées avec tant de succès par M. Gobin à l'*Ecole de Grignon.*

PONTS ET CHAUSSÉES et de l'Agent voyer (*Guide pratique du Conducteur des*). Principes de l'art de l'ingénieur, comprenant : plans et nivellements, routes et chemins, ponts et aqueducs, travaux de construction en général et devis, par F. BIROT, ingénieur civil, ancien conducteur des ponts et chaussées. 4ᵉ édition, revue et augmentée.

Première partie. — **ROUTES.** — 1 vol. accompagné de 12 planches doubles, contenant 99 figures. . . . . . 4 fr.

Deuxième partie. — **PONTS.** — 1 vol. accompagné de 8 planches doubles, contenant 44 figures. . . . . . . 4 fr.

Nous allons donner un extrait de la table des matières de ces volumes, devenus le *vade-mecum* des agents des ponts et chaussées.

Première partie. — *Chap. Iᵉʳ.* — Tracé et mesure des lignes. Arpentage proprement dit. Mesure des angles. Levé à l'échelle. Instruments. — *Chap. II.*

Objets du nivellement. Niveaux de différents systèmes. Stadia. — *Chap. III.* Classification des routes. Projets. De la forme générale des routes. Tracé des courbes. Tables diverses. — *Chap. IV.* Construction des chaussées. Entretien des routes. Déblais et remblais.

Deuxième partie. — *Chap. I.* Ponts et aqueducs. Ponceaux. Murs de soutènement. Parapets. Voûtes biaises. Sondages. Pieux. Pilotis. Palplanches. Enrochements. — *Chap. II.* Des cintres et des ponts en charpente. — *Chap. III.* Études des matériaux employés dans les constructions. — *Chap. IV.* Du métrage et du devis. Avant-métré d'un aqueduc, d'un ponceau, etc.

L'auteur a terminé par le programme d'admission pour l'emploi de conducteur.

PORCHERIES (Voir Habitations des animaux, page 37).

POTASSES (*Guide pratique pour reconnaître et pour déterminer le titre véritable et la valeur commerciale des*), des SOUDES, des CENDRES, des ACIDES et des MANGANÈSES, avec neuf tables de déterminations, traduit de l'allemand par le docteur G.-W. BICHON, ancien élève de M. Liebig. Nouvelle édition, augmentée de notes, tables et documents. par R. FRÉSÉNIUS et le Dr WILL. 1 vol. avec figures. 2 fr.

Le livre de MM. Frésénius et Will est le résultat des recherches de ces deux savants chimistes étrangers; c'est avec beaucoup de succès qu'ils sont parvenus à perfectionner les méthodes d'essais relatifs aux potasses, soudes, acides et manganèses.

POUDRES ET SALPÊTRES (*Guide pratique de la fabrication des*), avec un appendice par le major STEERK sur les *feux d'artifice*, par M. SPILT. 1 volume. . . . 4 fr.

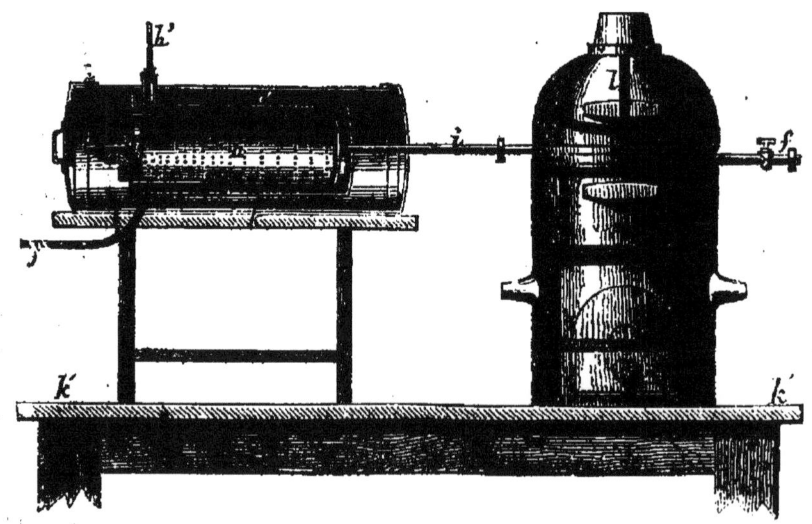

Figure spécimen du *Guide de la fabrication des poudres et salpêtres.*

Dès les premières lignes de ce livre, on s'aperçoit que l'auteur est un homme compétent dans la matière qu'il traite, et qu'à l'étude dans le laboratoire, le major Steerk a joint l'expérience en grand. Dans ses données, tout est rigoureusement exact, et on peut accepter l'auteur comme guide, sans craindre de se tromper.

L'appendice sur les feux d'artifice résume en quelques pages les notions nécessaires pour la confection de ces feux.

Sommaire des chapitres. — *Première partie :* Soufre, salpêtre, bois. — Charbon : carbonisation par distillation, par vapeur, analyses des charbons. — Poudres : poudres de guerre, poudres de mine, poudres du commerce extérieur et poudres de chasse. — Epreuves. — Combustion des poudres, dosages, analysés.

Deuxième partie : Feux d'artifice. — Historique, matières premières, produits chimiques, outils, cartonnages, cartouches, feux qui produisent leur effet sur le sol, feux qui le produisent dans l'air, sur l'eau, etc., feux de salon, feux de théâtre. Confection des principales pièces d'artifice.

POULES (*Éducation lucrative des*), ou traité raisonné de gallinoculture, par MARIOT-DIDIEUX, vétérinaire en premier aux remontes de l'armée, membre et lauréat de plusieurs sociétés savantes. Nouvelle édition. 1 vol. 4 fr.

L'éducation, la multiplication et l'amélioration des animaux qui peuplent les basses-cours ont fait depuis une quinzaine d'années de notables progrès. Répondant à un besoin de l'économie domestique, l'auteur de ce guide pratique a voulu faire un traité complet de gallinoculture dans lequel, après des considérations historiques, anatomiques et physiologiques sur les poules, il décrit les caractères physiques et moraux de quarante-deux races, apprend à faire un choix parmi ces races si diverses et indique les moyens de conservation et de multiplication des individus. Des chapitres spéciaux sont consacrés aux maladies, à la pharmacie gallinée, à la statistique des poules et des œufs de la France, etc.

Les ouvrages de M. Mariot-Didieux sont au premier rang parmi ceux qui enrichissent notre bibliothèque. Aussi voulons-nous, pour en mieux faire ressortir le mérite, donner ici le sommaire des principaux chapitres :

Gallinoculture. — De la poule, son antiquité, son utilité, expositions, concours, anatomie, considérations physiologiques, des sensations, voix du coq, voix de la poule. — Choix des races. — Signes extérieurs de la ponte. — Considérations sur les races de poules. — Races françaises, hollandaises, belges, anglaises, espagnoles, italiennes, prussiennes. — Races asiatiques, indiennes, japonaises, indo-chinoises. — Races syriennes, africaines, américaines. — Races de l'Océanie. — Du croisement des races. — Dépenses et produits de la poule. — Du poulailler, de la cour, des œufs. Moyens de reculer, d'augmenter ou d'avancer la ponte. — Fécondation du coq. — Castration ou chaponnage des coqs. — De l'incubation. — Elevage des poulets. — Maladies des poules. — De la saignée. — Pharmacie. — Vente des produits, etc.

R

ROSEAU (Voir Saule, même page).

ROUES HYDRAULIQUES (*Traité de la construction des*), contenant tous les systèmes de roues en usage, les renseignements pratiques sur les dimensions à adopter pour les arbres tournants, les tourillons, les bras de roues hydrauliques, etc., etc., par Jules LAFFINEUR. 1 volume avec de nombreux tableaux et 8 planches. . . . . 3 fr. 50

L'auteur démontre dans sa préface que le perfectionnement des machines motrices des usines est à la fois une nécessité d'intérêt général et privé. Dans son ouvrage, il recherche et il définit les principales conditions à remplir sous ce rapport, et il donne ensuite tous les détails relatifs à la construction des roues hydrauliques dans les meilleures conditions possibles.

Fidèle à la méthode qui lui est propre, M. Laffineur s'est surtout attaché à se faire comprendre par la simplicité des termes employés et par les nombreux exemples qu'il donne.

Les planches sont d'une grande netteté ; elles représentent tous les systèmes de roues en usage, roues à palettes, roues pendantes, roues en dessous et à aubes courbes, roues à augets, roues horizontales, roues à niveau constant, frein dynamométrique, etc.

ROUTES (Voir Ponts et Chaussées, page 53).

S

SALPÊTRES (Voir Poudres, page 54).

SAULE (*Guide pratique de la culture du*) et de son emploi en agriculture, notamment dans la création des oseraies et des saussaies, avec un appendice sur la culture du roseau, par M.-J. KOLTZ, chevalier de l'ordre R. G. D. de la Couronne de chêne, agent des eaux et forêts, etc. 1 volume avec 35 figures dans le texte . . . . 2 fr.

Ce travail a pour objet de faire ressortir les avantages que procure la culture du saule dans les terrains qui lui conviennent, et qui, le plus souvent, ne peuvent être rendus productifs qu'à l'aide de cette essence ; M. Koltz donne donc le moyen de mettre en produit des terrains vagues. Dans certains parages, le roseau commun forme le complément obligé de l'osier ; l'appendice que M. Koltz a consacré à cette plante renferme des détails intéressants, surtout pour les propriétaires de terrains aujourd'hui tout à fait improductifs.

SCIENCES PHYSIQUES (*Éléments des*), appliquées à l'agriculture; ouvrage divisé en deux parties, par A.-F. POURIAU, docteur ès sciences, ancien élève de l'Ecole centrale, professeur à l'École d'agriculture de Grignon.

Chaque partie se vend séparément.

Première partie. **CHIMIE INORGANIQUE**, suivie de l'étude des marnes, des eaux. et d'une méthode générale pour reconnaître la nature d'un des composés minéraux intéressant l'agriculture ou la médecine vétérinaire. 1 volume avec 155 figures dans le texte et tableaux. . . 7 fr.

Deuxième partie. **CHIMIE ORGANIQUE**. comprenant l'étude des éléments constitutifs des végétaux et des animaux, des notions de physiologie végétale et animale. l'alimentation du bétail, la production du fumier. 1 volume avec 65 figures dans le texte et tableaux . . . . 7 fr.

Figure spécimen des *Éléments des sciences physiques*.

M. Pouriau, aujourd'hui professeur et sous-directeur à l'École d'agriculture de Grignon, a été nommé secrétaire général de la Société d'agriculture de Lyon, à l'élection. Voilà quelques-uns des titres du savant professeur: quant à ses ouvrages, ils sont promptement devenus classiques et ils sont en même temps consultés avec fruit par tous les agriculteurs, les propriétaires, les gentils-hommes-fermiers et par tous les gens d'étude et les gens du monde. Pour cette dernière classe de lecteurs, nous citerons le passage de la préface qui indique que cet ouvrage a été en partie rédigé à leur intention :

« Mais. d'autre part, je conseille aux gens du monde, que de semblables détails ne peuvent que médiocrement intéresser. de laisser de côté ces paragraphes, pour reporter leur attention sur les autres chapitres.

« Enfin, toujours guidé par le désir de satisfaire aux besoins de chaque classe de lecteurs, j'ai indiqué. *en note et séparément*. la préparation des principaux corps étudiés, parce que cette branche du cours ne saurait être utile qu'à ceux en position de faire quelques manipulations.

« Si les amis de la science agricole me prouvent. par un accueil bienveillant fait à mon livre. que j'ai suivi la bonne voie, je leur en témoignerai ma reconnaissance en leur offrant successivement les autres parties de mon enseignement. »

SERRURERIE (*Nouveaux Barèmes de*), par E. ROULAND, 1 volume . . . . 4 fr.

EXTRAIT DE LA TABLE DES MATIÈRES. — *Balcons* en barreaux de fer rond avec ou sans ornements, en barreaux de fer plats, en barreaux de fer carré. — *Grilles fixes* en barreaux de fer rond avec ou sans petits barreaux, avec ou sans ornements. — *Grilles ouvrantes* à deux vantaux avec ou sans petits barreaux, avec ou sans ornements. — *Portes* à un vantail et à deux vantaux en fer à T avec panneaux tôle. — *Poids des fers*, fers plats, carrés, ronds, T et cornières double T. — *Poids des tôles*.

SOUDES (Voir Potasses, page 54).

SUCRES (*Guide pour l'essai et l'analyse des*), indigènes et exotiques, à l'usage des fabricants de sucre. Résultats de 200 analyses de sucres classés d'après leur nuance, par E. MONIER, ingénieur chimiste, ancien élève de l'Ecole centrale des arts et manufactures. 1 volume avec figures dans le texte et tableaux . . . . 3 fr.

L'auteur, après avoir rappelé les propriétés générales des substances saccharifères, donne les méthodes les plus simples qui permettent de doser avec précision ces mêmes substances. Quelques notes sur l'altération et le rendement des sucres soumis au raffinage terminent le travail de M. Monier, dont M. Payen a fait un éloge mérité devant l'Académié des sciences.

T

TEINTURIER (*Guide du*), manuel complet des connaissances chimiques indispensables à la pratique de la teinture, par Frédéric FOL, chimiste. Nouvelle édition. 1 volume avec 91 figures dans le texte. . . . . 4 fr.

En publiant cet ouvrage, l'auteur s'est proposé de répandre dans la population ouvrière qui s'occupe des travaux de teinture, les connaissances nécessaires des sciences sur lesquelles est basée cette industrie.

TÉLÉGRAPHIE ÉLECTRIQUE (*Guide pratique de*), ou *Vade-mecum* pratique à l'usage des employés des lignes télégraphiques, suivi du programme des connaissances exigées pour être admis au surnumérariat dans l'administration des lignes télégraphiques, par B. MIÉGE, directeur de lignes télégraphiques. 1 volume avec 45 figures dans le texte. . . . . 2 fr.

TERMES TECHNIQUES (⁕*Dictionnaire des*) de la science, de l'industrie, des lettres et des sciences, par A. SOUVIRON, professeur de technologie et d'histoire naturelle à l'Association polytechnique. 1 volume . 6 fr.

TISSUS (*Manuel du commerce des*). *Vade-mecum* du **Marchand de Nouveautés,** par Edm. BOURDAIN. 1 vol. 3 fr.

SOMMAIRE DES CHAPITRES : Introduction. — Visite au magasin. — Tableau par rayon de tous les articles composant un magasin de nouveautés. — Table des villes de fabrique et des genres où elles excellent. — Tissus employés pour confectionner les divers vêtements et quantités employées. — Soins à donner aux étoffes. — Tissus étrangers. — L'Escompte. — Commission. — Teinture et couleurs. — Vêtements sur mesures. — Fourrures. — Termes techniques. — Conseils pour les achats. — Voyage d'achat. — Tableau des tissages mécaniques de France. — Représentants de fabrique. — Cravates et confections. — Comptabilité. — Monnaies et mesures étrangères. — Conseils aux employés de commerce.

✳✱TRANSMISSIONS DE LA PENSÉE ET DE LA VOIX, par Louis DU TEMPLE, capitaine de frégate en retraite. 2ᵉ édit. 1 volume avec 62 figures. . . . 4 fr.

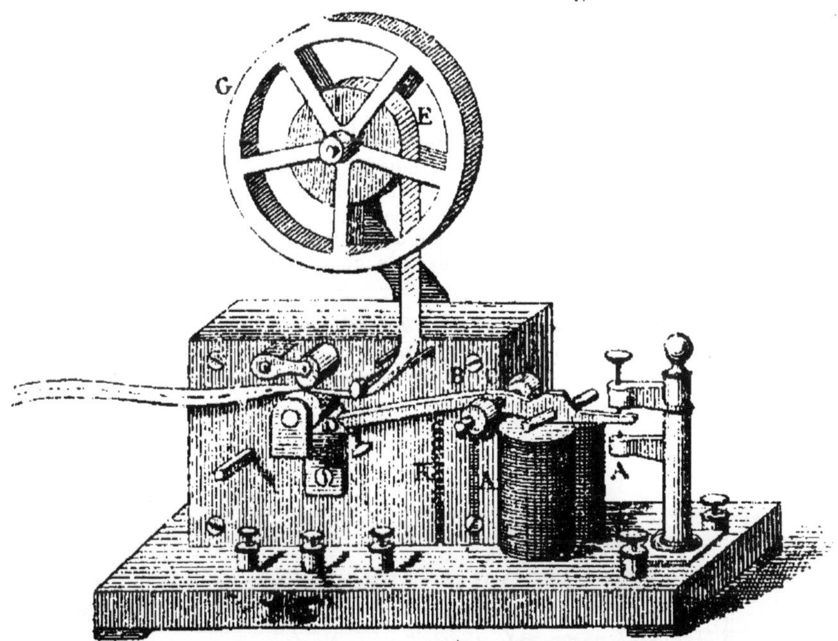

Figure spécimen de *Transmissions de la pensée et de la voix.*

SOMMAIRE DES PRINCIPAUX CHAPITRES : *Organe de la vue et moyens employés pour la corriger.* — Structure de l'œil. — Marche des rayons lumineux dans l'œil. — *Organe de la voix.* — *Organe de l'ouïe.* — Oreille. — Comment l'homme peut diminuer les imperfections de l'ouïe. — *Langage.* — Définition. — Langage écrit. — *Papier.* — Historique. — Fabrication du papier. — Différentes espèces de papier. — *Imprimerie* ou *Typographie.* — Historique. — Gravure. — Lithographie. — Presses typographiques. — Clichage. — Gravure en creux. — Gravure en relief. — *Photographie.* — Historique. — Procédés. — *Électro-Métallurgie.* — Galvanoplastie. — Appareils galvanoplastiques. — Applications de la galvanoplastie. — *Télégraphes aériens, pneumatiques, électriques.* — *Téléphone.* — *Phonographe.* — *Aérophone.* — *Postes.*

V

VACHE LAITIÈRE (*Guide pratique pour le choix de la*), par Ernest Dubos, vétérinaire de l'arrondissement de Beauvais, professeur de zootechnie à l'Institut agricole de la même ville. 1 volume avec 7 planches. 2ᵉ édition.   2 fr. 50

Les diverses méthodes pour le choix des vaches laitières sont résumées dans ce livre. Les agriculteurs et les éleveurs y trouveront l'indication des signes qui peuvent les guider pour la conservation et l'acquisition des animaux qui conviennent le mieux à leurs exploitations. — Les figures représentant les diverses races de vaches laitières qui sont remarquables.

Dans le chapitre premier, l'auteur s'occupe de la stabulation, de l'alimentation et du rendement. — Le chapitre deuxième est consacré à l'étude du lait, ses modifications et ses altérations. — Dans les autres chapitres, l'auteur donne des renseignements pour reconnaître les propriétés du lait, le moyen de reconnaître les falsifications, les qualités exigées de la servante de ferme et la manière de traire. — Dans les chapitres sixième et septième, il indique les caractères et les méthodes qui peuvent guider dans le choix des meilleures vaches laitières.

VERNIS (*Guide pratique de la Fabrication des*), nouvelle édition, revue, corrigée et complètement refondue,

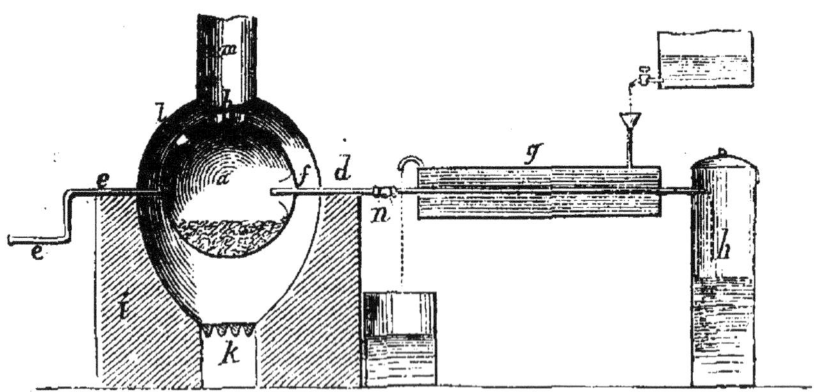

Figure spécimen de la *Fabrication des Vernis.*

de l'ouvrage de M. Tripier-Devaux, par H. Violette, ancien élève de l'Ecole polytechnique, commissaire des poudres et salpêtres, membre de plusieurs sociétés savantes. 1 volume avec figures dans le texte . . . . . . 6 fr.

Extrait de la préface. — Les vernis ne sont autres que des solutions de résines dans certains liquides. Ces liquides, qui sont ordinairement l'*éther*, l'*alcool*, l'*essence de térébenthine* et les *huiles*, donnent aux vernis qui en résultent des propriétés caractéristiques qui en déterminent l'usage. Cette désignation des liquides nous permet de diviser les vernis en quatre classes. — Vernis à l'éther. — Vernis à l'alcool. — Vernis à l'essence. — Vernis gras.

Cette division sera celle des quatre chapitres composant notre ouvrage : nous examinerons chaque classe successivement ; cet examen comprendra : 1o les propriétés physiques et chimiques, ainsi que la préparation du liquide employé à dissoudre les résines de cette classe ; 2o les propriétés physiques et chimiques, ainsi que l'origine des résines employées dans cette catégorie ; 3o la fabrication proprement dite des vernis, par le mélange des résines et liquides précédemment étudiés.

VIDANGE AGRICOLE (*Guide pratique de la*), à l'usage des agronomes, propriétaires et fermiers. Richesse de l'agriculture. Description de moyens faciles, économiques, salubres et pratiques, de recueillir, de désinfecter et d'employer utilement en agriculture l'engrais humain, par J.-H. TOUCHET, chef de service à la compagnie Richer. 2e édition, 1 volume avec figures. . . . . 1 fr.

Ce Guide, en ce qui concerne les vidanges et les différentes manières d'employer l'engrais humain, est le résumé des meilleures méthodes pratiquées actuellement. Les fermiers y trouveront tous des indications utiles. M. Touchet enseigne aux agronomes de la grande et de la petite culture des moyens simples et peu coûteux de se procurer de riches fumiers, richesses trop souvent négligées et perdues pour l'agriculture.

VIGNE (*La*) et ses maladies, contenant les causes et effets morbides depuis l'origine de sa culture jusqu'à nos jours, avec les moyens à employer pour les prévenir et les combattre. Précédé d'une description historique et botanique de cette plante précieuse, ainsi que d'une causerie sur l'oïdium et le phylloxera, par SERIGNE (de Narbonne), membre de plusieurs sociétés savantes. 1 volume. . 3 fr.

SOMMAIRE DES PRINCIPAUX CHAPITRES. — Description historique. — Description botanique. — L'oïdium et le phylloxera. — Description historique de l'oïdium. — Maladies de l'oïdium. — Concours pour la guérison de l'oïdium. — Opinions émises sur l'oïdium. — L'oïdium est-il la cause de la maladie? — Remède adopté contre la maladie. — Effets du soufrage. — Causes réelles de la maladie. — Températures favorables ou nuisibles. — Influence des saisons et des météores. — Blessures ou plaies, blanquet ou pourridie, coulure, carniure, chancre vitifère, clavelée, chlorose ou hydroémie, décrépitude, flottage, grapillure, nielle, geule, stérilité. — Maladie des feuilles. — Pyrales. — Destruction de la pyrale à l'état de papillon, à l'état de larve ou chenille. — Moyens préventifs et moyens curatifs. — Destruction de la pyrale à l'état d'œuf, etc.

VIGNERONS (*L'immense Tresor des*) et des **Marchands de Vin**, indiquant des moyens inédits pour vieillir instantanément les vins, leur enlever les mauvais goûts, même celui de terroir, colorer les vins blancs en rouge Narbonne, même d'une manière hygiénique et sans aucun coupage, éviter leur dégénérescence, partant, plus de vins aigres, amers, gras ou poussés; découverte d'un agent supérieur à l'alcool pour le maintien, la conservation et l'expédition lointaine des vins, par L.-F. DUBIEF, 5e édition revue, corrigée et considérablement augmentée. 1 volume. 3 fr.

Extrait de la table des matières. — De la connaissance des vins. — Appréciation et dégustation. — De la distinction. — Du mélange ou du coupage. — Du vinage. — Amélioration des vins. — De l'imitation des vins. — De la confection des vins mousseux. — Du vin muet et de ses avantages. — Des vins de liqueurs et de leurs imitations. — Recettes et opérations des vins de liqueurs. — *Méthode du Midi*. — *Méthode de Paris*. — De la conservation des vins en fûts pleins et en vidange. — Du soufrage ou méchage. — Du collage pour la clarification. — Arome, sève, bouquet et goût de terroir. — Du gouvernement et de la conservation des vins. — De la mise en bouteilles. — Des altérations. — Moyen de les prévenir et de les corriger. — Des altérations accidentelles et moyen de les guérir. — Disposition et conservation des tonneaux. — Contenance des fûts. — L'auteur termine son livre par une série de renseignements très utiles.

VIGNERON (✻*Guide pratique du*), culture, vendange et vinification, par FLEURY-LACOSTE, président de la Société centrale d'agriculture du département de la Savoie, membre de plusieurs Sociétés savantes. 1 volume. . 3 fr.

Dans la première partie, l'auteur donne les principes généraux pour la culture de la vigne basse : culture en ligne, orientation, la taille, le pinçage, les engrais, choix des cépages, 1re, 2e, 3e et 4e années.

La seconde partie, intitulée *Calendrier du Vigneron*, lui indique les travaux qu'il a à faire mensuellement. La culture des hautains sur treillages élevés dans les champs, remplit la troisième partie. — Quatrième partie : Nouvelles observations pratiques sur les phénomènes de la végétation de la vigne. — Cinquième partie : De la vendange et de la vinification : degré de maturité. — Du ban des vendanges. — Personnel. — Le nettoyage et l'écrasement des grains. — La cuve. — Le décuvage. — Enfin l'auteur termine en indiquant les soins à donner aux vins nouveaux et vieux.

VIN (*Guide pratique pour reconnaître et corriger les fraudes et maladies du*), suivi d'un traité d'**analyse chimique** de tous les vins, 2e édit., par Jacques BRUN, vice-président de la Société suisse des pharmaciens. 1 volume, avec de nombreux tableaux. . . . . 3 fr.

L'art de falsifier les vins a fait ces dernières années de rapides progrès. La chimie ne doit pas se laisser devancer par la fraude : elle doit lui tenir tête et pouvoir toujours montrer du doigt la substance étrangère. Cette tâche, dit M. Brun, incombe surtout aux pharmaciens. Son livre est le résumé des différents traitements qu'il a trouvés réellement utiles, et qui, dans sa longue pratique, lui ont le mieux réussi pour l'examen chimique des vins suspects.

VINS FACTICES (*Guide pratique de la fabrication des*) et des boissons vineuses en général, ou manière de fabriquer soi-même les vins, cidres, poirés, bières, hydromels, piquettes et toutes sortes de boissons vineuses, par des procédés faciles, économiques et des plus hygiéniques, par L.-F. DUBIEF. 3º édition. 1 volume . . . . 2 fr.

M. Dubief a publié ce petit ouvrage, non seulement pour venir en aide aux personnes économes, mais encore, et plus, pour celles dont l'économie est une nécessité. Si elles suivent les prescriptions qui y sont indiquées, elles peuvent être assurées de bien fabriquer elles-mêmes et avec facilité toutes sortes de vins, bières, cidres, etc. Ainsi, il traite la cuvée des vins de raisin fabriqués avec le marc, avec sirop de sucre, de fécule. — Vin rouge de sucre. — Vin mousseux, de fruits, cerises, prunes, groseilles, etc., etc. — Vins de grains, céréales, etc. —Toutes les formules et les procédés indiqués par l'auteur sont simples et faciles, et il suffit de les avoir lus pour les mettre en pratique.

VINIFICATION (*Traité complet de*) ou art de faire du vin avec toutes les substances fermentescibles, en tout temps et sous tous les climats, par L.-F. DUBIEF. 4e édit. 1 volume . . . . 4 fr.

Volume contenant : Les moyens de remédier à l'intempérie des saisons relativement à la maturité du raisin. Le tableau des phénomènes de la fermentation et le meilleur moyen de la produire et de la diriger; les moyens particuliers de faire fermenter les marcs provenant de l'égrapillage du raisin et refermenter ceux qui ont déjà été fermentés; de procurer au vin plus de qualité par une seconde fermentation; de le vieillir sans faire de coupage, par des procédés simples et faciles; de lui enlever le goût de terroir, comme aussi d'obtenir des marcs de raisin, de l'alcool, de l'huile, de l'acide tartrique, etc. ; *et suivi* : des procédés de fabrication des vins mousseux, des vins de liqueurs, vins de fruits et vins factices, les soins qu'exigent leur gouvernement et leur conservation, les principes pour la dégustation et l'analyse des vins, etc., etc.

VOYAGEURS ET BAGAGES (Voir Exploitation des chemins de fer, page 23).

Le cartonnage toile de chaque volume se paye 0,50 c. en plus des prix indiqués.

TABLE DES NOMS D'AUTEURS
PAR ORDRE ALPHABÉTIQUE

Imprimeries réunies, G. rue du Four, 54 bis, Paris — 5973.

www.ingramcontent.com/pod-product-compliance
Ingram Content Group UK Ltd.
Pitfield, Milton Keynes, MK11 3LW, UK
UKHW020823120726
13693UKWH00002B/436